KB051248

일본 현지 간식 대백과

おやつ

일본 추억의 대백과 시리즈 편집부 지음
수키 옮김

잔

어서 오세요, '일본

지역 슈퍼마켓 같은 곳에서 판매하는 대표적인 상품인 동시에, 지역민이 사랑해마지않는 소울푸드이기도 한 '현지 간식'. 오래된 상품 중에는 탄생한 지 100년이 넘어, 삼대에 걸쳐 사랑받고 있는 지역의 맛도 적지 않다.

손수 만든 느낌의 자극적이지 않은 맛, 소박한 포장 디자인 등은 지역민이 아닌 사람에게도 어딘가 향수를 불러일으키는 구석이 있다. 나아가 그 지역만의 특산품을 사용한 상품이나 독특한 모양, 개성 있는 맛 등도 현지 간식의 큰 매력 중 하나다.

지역 슈퍼마켓이나 소매점 등에서 언제든 손쉽게 구입할 수 있는 상품도 많지만, 해당 지역의 한정된 가게, 한정된 시기에만 맛볼 수 있는 희귀한 상품도 있다. 이처럼 다종다양한 현지 간식의 공통점은, 무엇보다 '맛있다'는 점이다. 그렇기 때문에 대형 제조업체나 슈퍼마켓·편의점의 PB 상품 공세에도 끄떡없이, 긴 세월 현지에서 사랑받고 있을 터이다.

이 책에서는 비스킷과 쿠키, 센베이부터 사탕과 초콜릿을 비롯해 장르를 분류하기 힘든 개성파 간식, 간식 시간에 빠질 수 없는 주스 같은 음료, 그뿐만 아니라 집에서 할머니가 직접 만들어준 듯한 향토 과자까지 일본 전국 방방곡곡의 현지 간식을 풍부하게 수록했다.

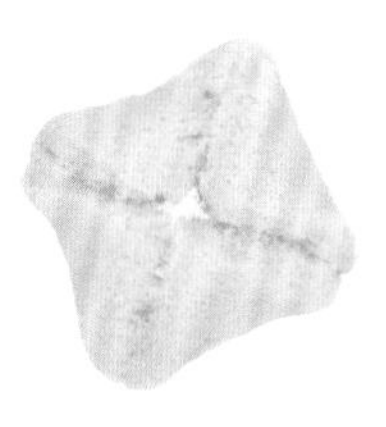

현지 간식'의 세계로!

각각의 맛과 특징에 대해서는 물론이고, 탄생에 관한 일화, 창업 당시나 출시 초기의 옛 풍경, 포장 디자인의 변천, 맛에 대한 자부심에도 주목했다. 평소 무심코 먹던 간식에 숨겨진 맛의 비밀과 역사를 되돌아봄으로써 '현지 간식'의 매력에 한층 더 다가갔다. 이처럼 만드는 이들의 배경과 역사의 무게를 알게 되면, 늘 먹던 간식이 더욱 맛있고 애틋하게 느껴질 것이다.

요즘은 통판이나 인터넷쇼핑몰 등에서 구입할 수 있는 현지 간식이 적지 않다. 그러나 한편으로 현지에서는 스타급 간식이지만, 다른 지역에서는 거의 무명에 가까운 존재인 간식 또한 적지 않다.

아직 보지 못한 현지 간식을 함께 찾아다니는 여행의 친구로서, 또 현지 간식 '카탈로그'로서 보기만 해도 즐거운 한 권의 책으로 이 책을 손에 들면 좋겠다. 어느 페이지를 펼쳐도 독특하고 독창성 넘치며, 무척이나 먹음직스러운 간식이 가득하니까. 일본의 풍요로운 간식 문화를 한껏 즐겨주시길.

어서 오세요, '일본 현지 간식'의 세계로!

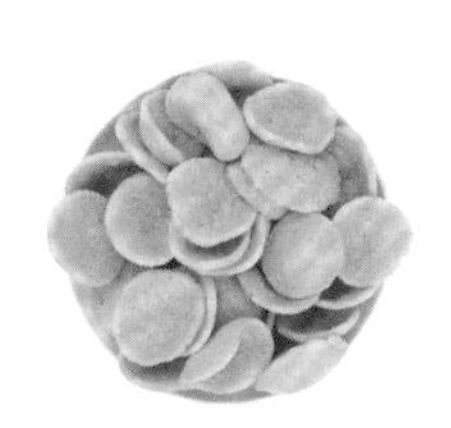

옮긴이 **수키**
대학에서 일어일문학을 전공했다. 책을 만들었고 지금은 번역을 한다. 옮긴 책으로《일본 현지 빵 대백과》《의욕 따위 필요 없는 100가지 레시피》《식재료 탐구 생활》《이야기가 있는 동물 자수》가 있다.

일본 현지 간식 대백과

1판 1쇄 펴냄 2024년 3월 20일
1판 3쇄 펴냄 2024년 7월 17일

지은이 일본 추억의 대백과 시리즈 편집부
옮긴이 수키

펴낸이 김경태 | **편집** 조현주 홍경화 강가연
디자인 육일구디자인 / 박정영 김재현 | **마케팅** 김진겸 유진선 강주영
펴낸곳 (주)출판사 클
출판등록 2012년 1월 5일 제311-2012-02호
주소 03385 서울시 은평구 연서로26길 25-6
전화 070-4176-4680 | **팩스** 02-354-4680 | **이메일** bookkl@bookkl.com

ISBN 979-11-92512-69-3 13590

출판사 클의 책을
만나보세요.

차례

1부
예나 지금이나 큰 인기! 현지 간식과 추억의 풍경

2부
아직 더 있다! 현지 간식 총집합!!

이 책을 읽기 전에 알아두어야 할 단어들

아메飴

쌀, 감자, 옥수수 등에 포함된 전분을 당화한 '미즈아메(흔히 물엿이나 조청으로 번역)'에 맛과 향을 입히고 조려서 굳히거나 성형해 만든 사탕을 가리킨다. 메이지시대 이후 서양에서 '캔디(설탕이나 물엿 등을 원료로 한 과자의 총칭으로 하드 캔디와 소프트 캔디가 있음)'가 들어오면서 사탕의 제조 방식이 변하고 생산량도 크게 늘었다. 전통적인 사탕을 주로 '아메'라고 부르지만, 엄밀히 구분 짓는 것은 아니다.

센베이せんべい

주원료인 쌀가루를 반죽해 납작하게 만들어 말린 후 굽거나 튀겨, 소금 또는 간장 등으로 맛을 낸 과자. 잘 부풀어 오르지 않고 단단한 식감이 특징이다. 우리나라에서 흔히 먹는 '센베 과자'는 밀가루, 달걀, 설탕, 물 등을 반죽해 구워 만든 것으로 일본의 센베이와는 차이가 있다.

아라레あられ**·오카키**おかき

센베이와 달리 찹쌀이 주원료라 쉽게 부풀어 오르고 비교적 부드러운 식감이 특징이다. 찹쌀을 쪄서 반죽한 후 굽거나 튀긴 과자로, 비교적 크기가 작은 것을 아라레, 큰 것을 오카키라고 한다. 아라레는 우박(일본어로 '아라레')과 모양이 비슷하다는 데서, 오카키는 부풀어 오른 떡을 손으로 부순 데서(일본어로 '카쿠') 유래했다는 설이 유력하다. 과거에는 만드는 방법이나 먹는 사람(아라레는 주로 궁정에서, 오카키는 서민들이 즐겨 먹던 간식) 등의 차이가 있었으나 지금은 크기로 구분하며, 지역에 따라서는 아라레를 오카키로 부르는 곳도 있다.

오블라투オブラート

전분으로 만든 얇은 종이 형태의 식용 필름으로, 사탕이나 젤리 등을 감싸 서로 들러붙는 것을 방지한다. 일본에서는 간편한 가루약 복용을 위해 의사인 고바야시 마사타로가 처음으로 '유연 오블라트'를 발명했고, 이후 한천 젤리를 만든 스즈키 기쿠지로가 젤리를 감싸는 '오블라투'를 개발했다.

이 책에 나오는 일본 연호의 시기

메이지明治 1868~1912년
다이쇼大正 1912~1926년
쇼와昭和 1926~1989년
헤이세이平成 1989~2019년

예나 지금이나 큰 인기!

현지 간식과 추억의 풍경

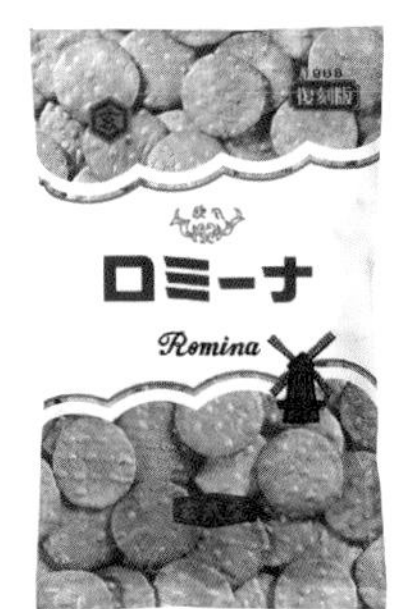

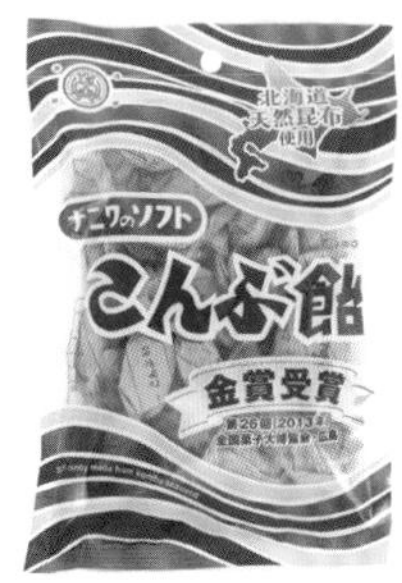

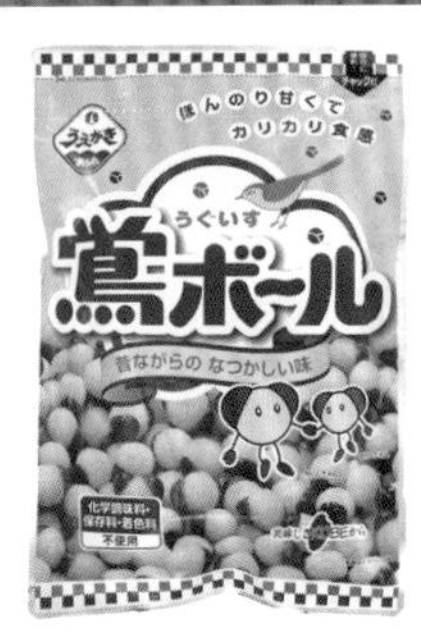

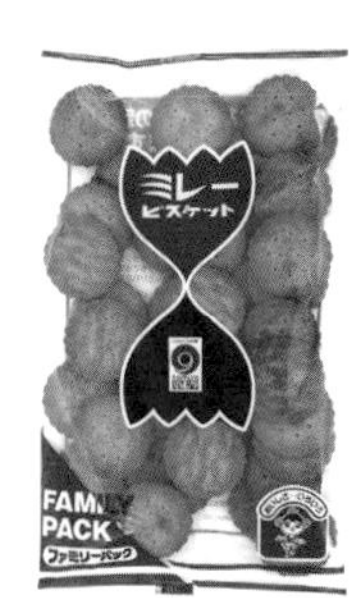

ミレー
ビスケット
FAMILY PACK
ファミリーパック

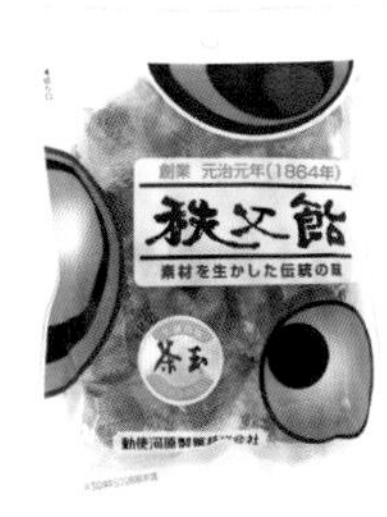

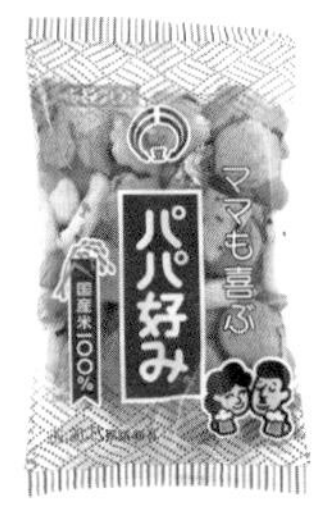

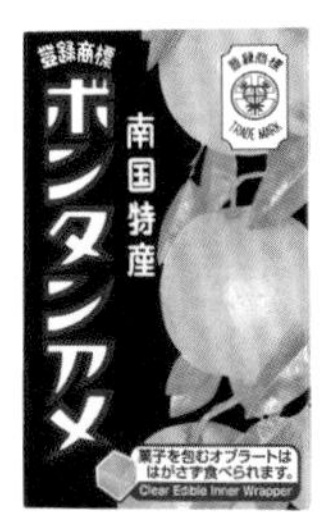

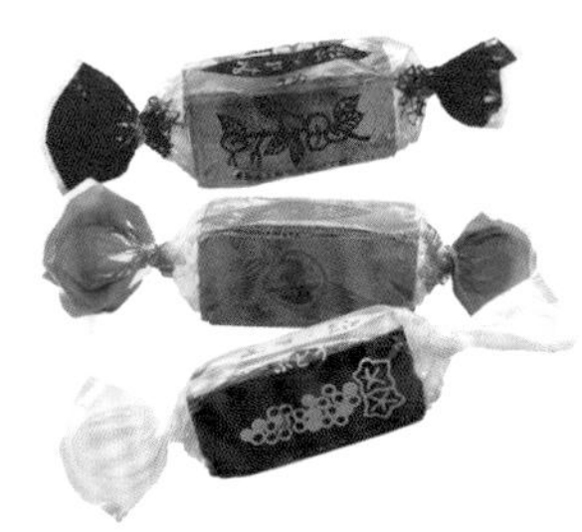

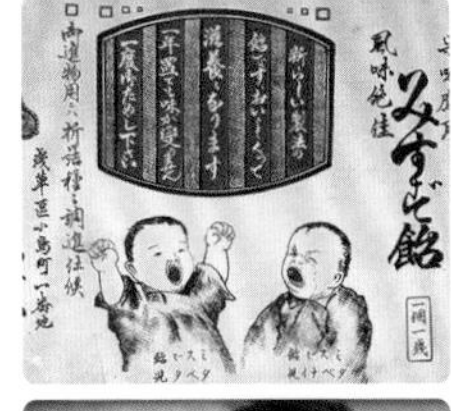

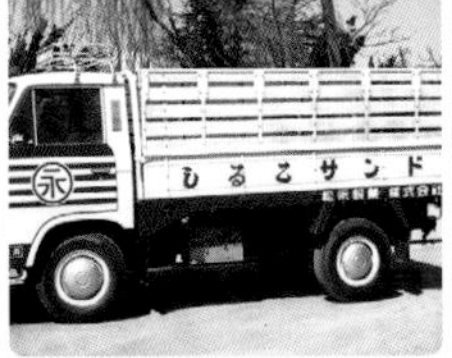

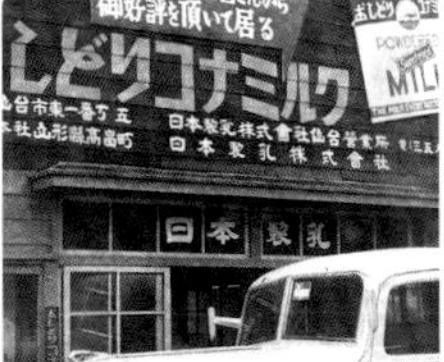

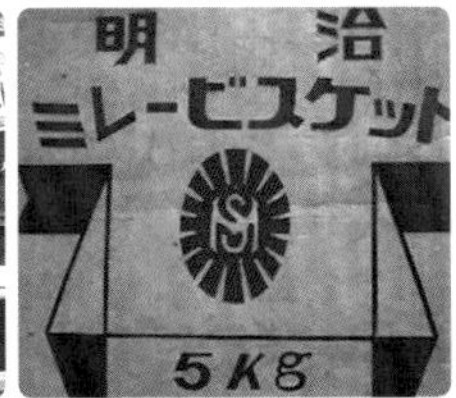

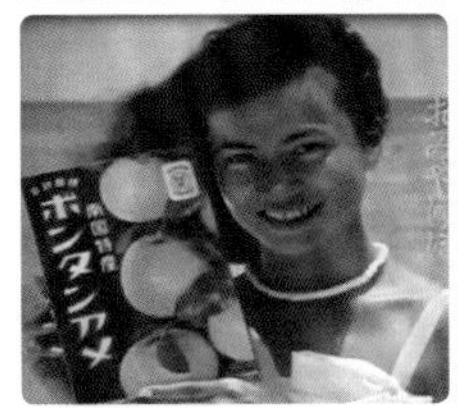

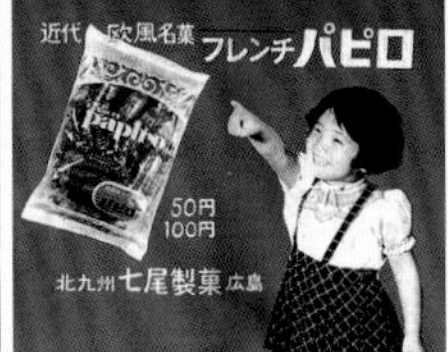

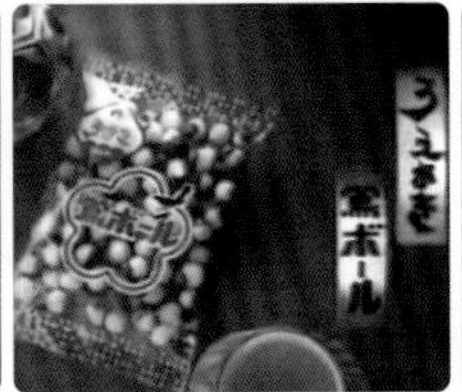

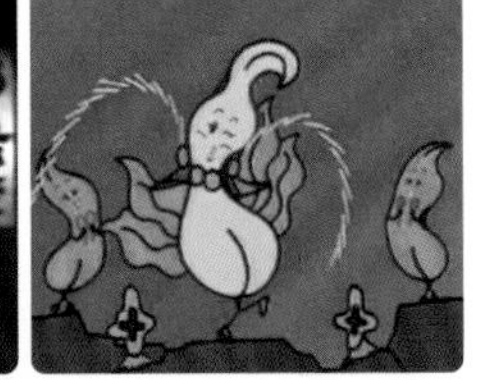

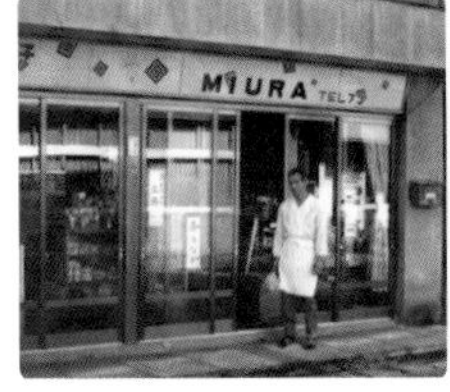

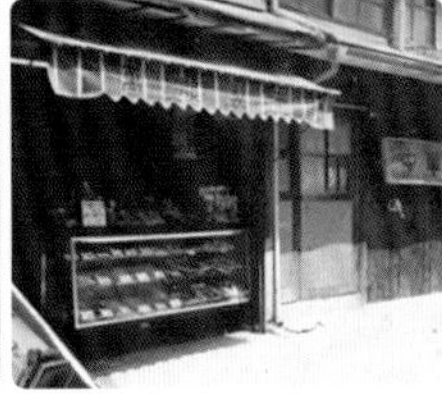

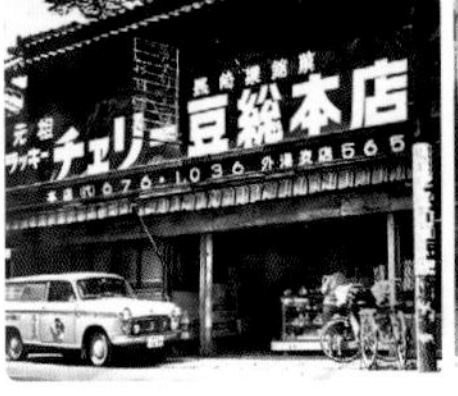

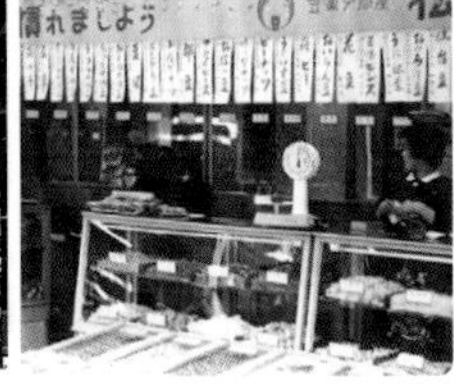

지역의 친숙한 맛으로서 예나 지금이나 모두가 좋아하는 수많은 현지 간식. 긴 세월 동안 사랑받아온 매력과 시대를 초월해 지역에 자리 잡은 역사의 일부를 소개한다.

1950년대 중반부터 변함없는 맛
딱 좋은 짭짤함과 특유의 고소함!

미레비스킷 미레비스켓토 ミレービスケット **고치**

노무라이리마메가공점

실물 크기

(오른쪽)1970년대 중반부터 1980년대 중후반에 걸쳐 선보인 '튤립 디자인'을 답습한 포장 디자인. (왼쪽)헤이세이시대에 들어섰을 때쯤 '성실한 미레비스킷'이 등장했다.

마지메(성실한) 미레비스킷
まじめミレービスケット

미레비스킷 패밀리 팩
ミレービスケットファミリーパック

출시 당시와 똑같은 제조법!

완전 자동화 대신, 사람의 손으로 직접 튀기고 맛을 내는 변함없는 제조법. 다소 맛에 편차가 있는 것이 매력이다.

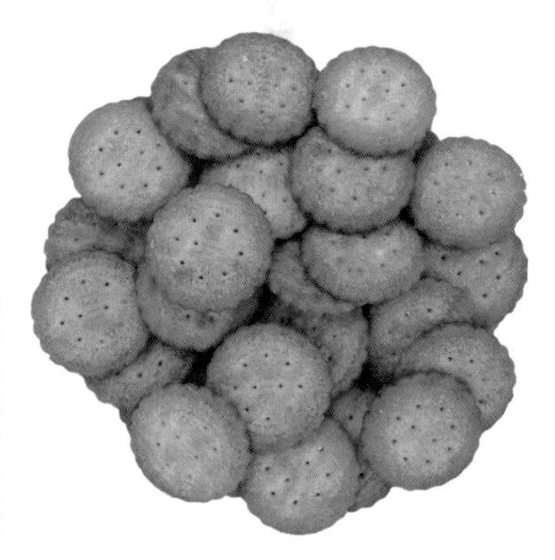

한 입 크기로 가볍게 먹을 수 있는 추억의 맛 미레비스킷. 비법 과자 반죽은 제2차 세계대전이 끝나고 얼마 후 메이지제과(지금의 메이지)에서 개발하여, 1955년경에 출시되었다.

당시에는 일본 전국에 스물 몇 개 업체가 미레비스킷 제조회사로서, 과자 반죽을 기름에 튀겨 소금으로 맛을 입히는 '2차 가공'을 거쳐 판매했으나, 현재는 전국에 몇 군데밖에 남아 있지 않다. 노무라이리마메가공점도 그때부터 미레비스킷을 제조·판매하는 곳 중 하나다. 출시 초기에는 낱개 판매로, 한 장에 50전(두 장에 1엔)이었다고 한다.

포장 디자인은 여든을 맞은 전무가 고안하여 전체적으로 레트로한 이미지다.

메이지가 낳은 쇼와의 맛을
다이쇼에 창업한 회사가 만들어오다

1952년~1953년경

노무라이리마메가공점은 다이쇼시대인 1923년, 콩과자와 아마낫토(콩이나 밤 등을 설탕에 절인 후 건조시킨 화과자의 일종) 제조회사로 문을 열었다. 정취를 자아내는 목조 사옥.

1955년경의 '미레비스킷' 박스. 지금은 나고야의 미쓰야제과(93쪽)에서 과자 반죽 제조를 계승하고 있다.

베개만큼 커다란 봉지로 출시할 거면 그냥 베개 디자인으로 하자!

욘렌밀레비스킷
욘렌미레비스켓토 4連ミレービスケット

미레노마쿠라
미레노마쿠라 ミレーの枕

미니 사이즈 줄줄이 4개입(욘렌)과 더불어 인기인 상품이 특대 사이즈의 '미레노마쿠라(미레베개)'다. '베개로 쓸 수 있을 만큼 큰 봉지로 해보자'는 콘셉트로 2008년 4월에 등장했다. "이왕이면 포장 디자인도 베개처럼 만들자!"는 상품 기획 담당 전무의 한마디에 마치 베개와 같은 디자인이 되었다.

와삭와삭한 식감과 달콤함에 중독된다 클래식한 기본 아라레

우구이스볼 우구이스보루 鶯ボール **효고**

우에가키베이카

흰 부분은 떡이고, 표면의 다갈색 부분은 밀가루다. 찹쌀, 밀가루, 설탕, 식용유, 소금 등 심플한 원재료 특유의 소박한 맛.

실물 크기

시대에 맞춰 포장도 종종 리뉴얼

출시 당시부터 엄선된 찹쌀을 사용했다. '퐁 하고 터지는 달콤 짭짤한 풍미'라는 카피와, 매화에 휘파람새(우구이스)가 그려진 옛날 디자인.

찹쌀을 반죽해 기름에 튀긴 가린토(밀가루에 설탕, 이스트 등을 넣고 막대 모양으로 반죽하여 튀긴 후 설탕 또는 설탕물 등을 묻힌 과자) 풍미의 귀여운 쌀과자. 1930년 출시된 롱셀러 상품으로, 우에가키베이카에서 가장 인기 많은 상품이다.

출시 당시에는 전쟁 중이었던 탓에, 톡톡 터진 모양을 보고 '육탄볼' '폭탄볼'로도 불렸다. 이윽고 전쟁이 끝난 후 매화 봉오리를 닮은 데서 봄의 방문을 알리는 '매화에 휘파람새'라는 아이디어를 떠올렸고, 지금의 '우구이스볼'로 상품명이 바뀌었다. 특유의 동글동글한 매화 봉오리 모양은, 기름에 튀기는 과정에서 자연스럽게 만들어진다고 한다.

간사이 지역 사람들에게는 '♪아라레~ 우에가키 우구이스볼'이라는 CM송으로도 친숙하다.

전후戰後 부흥기, 정연하게 줄지어 앉은 모습에서 역사를 느낀다

1935년

1907년, 문명개화로 서구화가 진행되던 고베에서 탄생한 우에가키베이카. 창업 이래 '바른 재료를 써서 정성을 다해 굽자'를 모토로, 롯코산(효고현 고베시 북부에 있는 산)에서 흘러내려온 양질의 천연수와 재료를 고집하고 있다.

(오른쪽)12쪽보다 더욱 오래된 포장. 로고 디자인도 다르고, 138엔이라는 표기도 보인다.

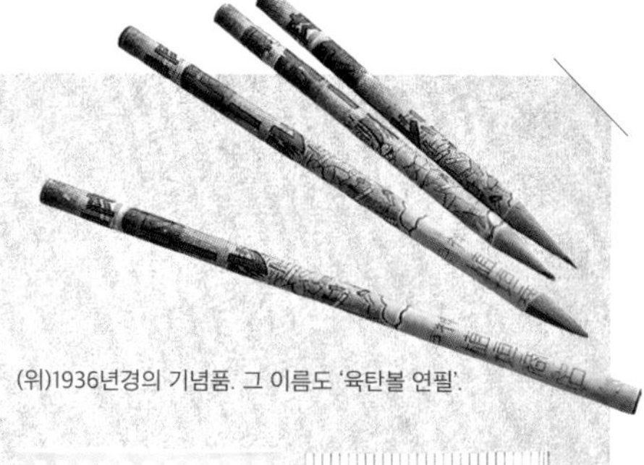

(위)1936년경의 기념품. 그 이름도 '육탄볼 연필'.

추억의 텔레비전 광고

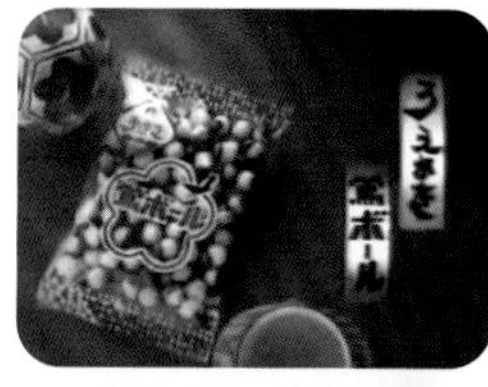

1960년대 중반에서 1970년대 중반에 방영된 것으로 추정되는 광고. '휘휘' 하는 산뜻한 휘파람새의 울음소리로 끝나며, '터지는 맛' 등의 카피와 함께 상품명이 귀에 남는다.

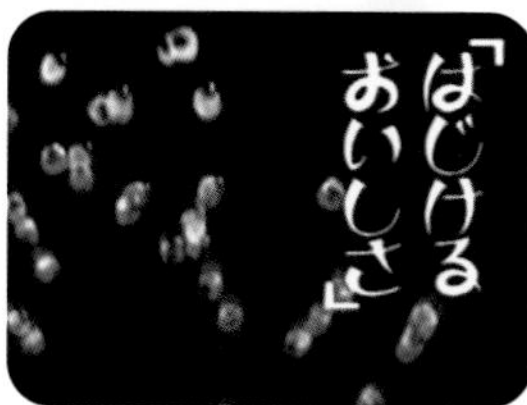

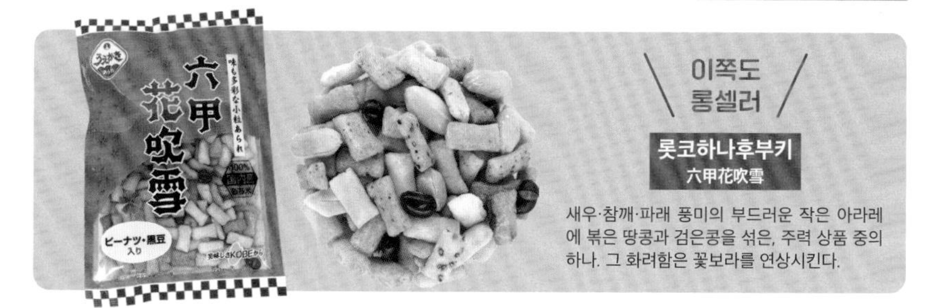

이쪽도 롱셀러

롯코하나후부키
六甲花吹雪

새우·참깨·파래 풍미의 부드러운 작은 아라레에 볶은 땅콩과 검은콩을 섞은, 주력 상품 중의 하나. 그 화려함은 꽃보라를 연상시킨다.

팥앙금의 은은한 달콤함과 비스킷의 짭짤함이 절묘하다

시루코샌드 시루코산도 しるこサンド **아이치**

마쓰나가제과

가게의 비법이 담긴 팥앙금과 비스킷의 균형감이 절묘하게 어우러진다! 두 조합이 질리지 않는 비결. 삼대에 걸쳐 사랑받아온 롱셀러다.

홋카이도산 팥을 사용한 앙금에 비법 재료인 사과잼과 벌꿀을 섞고, 비스킷 반죽 사이에 채운 뒤 구워낸 3층 구조. 길이가 50m나 되는 오븐에서 약 5분간 정성껏 굽는다. 1966년 출시한 이래로 변함없는 맛을 지켜오고 있다. 초창기에는 인기 가수가 출연한 텔레비전 광고도 방영되어, 인지도가 높아졌다.

1966년~ 1987년~

(왼쪽)출시 초기의 포장. 낱개 포장되지 않은 상태로 큰 봉투에 담았고, 18리터들이 사각 캔에 담아 판매하기도 했다. (오른쪽)낱개 포장 타입 출시 당시.

시루코샌드를 가득 싣고 아이치현 시내를 돌아다녔던 오리지널 트럭

출시 초기에 돌아다닌 트럭

1938년경

1966년경

출시 초기, 마쓰나가제과 소재지인 아이치현을 중심으로 돌아다닌 시루코샌드 트럭. 오른쪽 위는 창업 당시, 아래는 시루코샌드 출시 당시의 공장 내부 모습이다. 설비는 달라졌어도 맛은 그대로 지켜오고 있다.

포근한 냄새의 순한 맛은 아기 분유가 출발점

오시도리밀크케이크

오시도리미루쿠케키
おしどりミルクケーキ

니혼세이뉴

1980년대

출시 초기에는 플레인 맛만 있었으나, 지금은 종류도 풍부해졌다. 딸기 맛, 요구르트 맛, 야마가타 명산품인 라프랑스(서양 배의 한 품종) 맛에 이어 버찌 맛 등도 나왔다.

오시도리(원앙)라는 이름에 마음을 담아

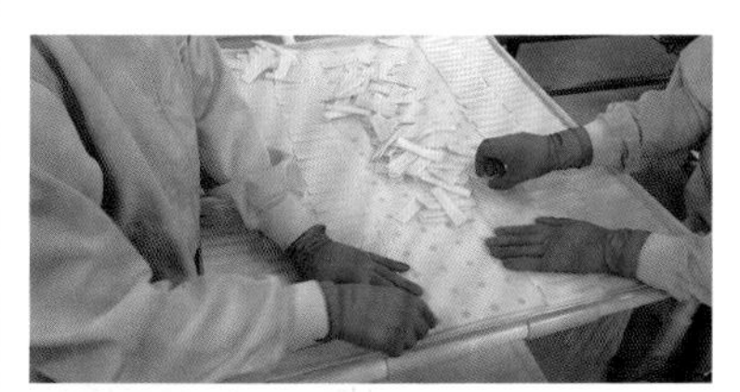

오시도리라는 이름에는 생산자와 판매자가 원앙처럼 사이좋게 힘을 모아 좋은 식문화를 만들자는 바람이 담겨 있다.

포근한 우유의 풍미가 느껴지는 순한 맛. 1945년 출시됐다. 분유를 제조하는 과정에서 나온 고형분을 '잘게 부수어 먹으면 맛있다'는 사실에 착안해, 연구 끝에 상품화했다. '평평한 모양으로 굳힌 것'이라는 의미도 지닌 '케이크'를 상품명에 사용했다. 당초에는 현지에서 한정 판매했으나, 야마가타 명산품으로 일본 전국에 알려지게 되었다.

창업자 우메쓰 유타로의 개척 정신을 계승해 100여 년의 역사를 자랑한다

오시도리분유 판매 당시

창업 초기의 공장 풍경

목장을 경영하다 유제품 제조 사업을 시작한 인물이 니혼세이뉴의 창업자 우메쓰 유타로다. 그는 건조 우유와 말린 유당 제조에 착수하여 1919년, 일본 최초의 분유인 오시도리분유를 개발했다. 또, 당시에는 버터도 만들었다.

기타큐슈에서 탄생한 프랑스 과자!? 서양식 구움과자 롤셀러

프렌치파피로 후렌치파피로 フレンチパピロ
나나오제과

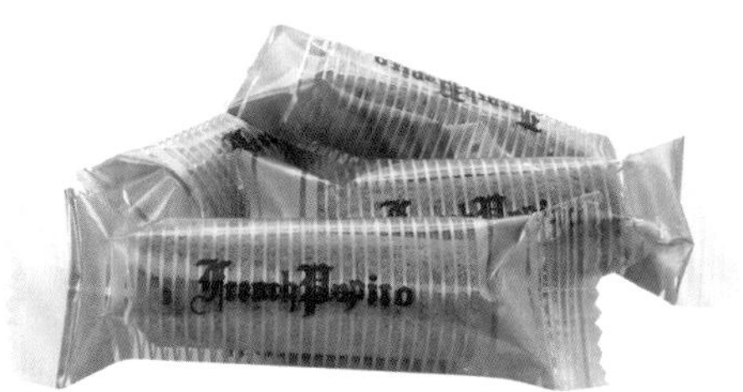

1957년 센베이 제조·판매부터 시작한 나나오제과의 간판 상품 중 하나.

창업 당시의 간판

먹는 재미가 있는 바삭바삭한 과자와 적당히 달콤한 크림이 특징. 크림은 우유를 사용하지 않아 우유 알레르기가 있는 사람도 먹을 수 있다.

롤 형태로 만 우스야키센베이(얇게 구운 센베이) 안에 가벼운 생크림이 듬뿍 들어간 구움과자. 1962년, 라이프스타일과 기호가 서양화되어가는 고도 경제 성장기에 서양식 과자로 개발되었다. 프랑스의 세련된 이미지와 그럴싸한 발음 등을 이유로 '프렌치파피로'라는 이름이 붙었다. 당시 가타카나를 사용한 상품명은 희귀하고 획기적이었다.

재빨리 텔레비전 광고에 힘을 쏟아 인지도를 높이는 데 대성공!

1960년대 초중반

(위)프렌치파피로는 텔레비전 광고의 효과로 대히트했다. 서양식 과자가 비싼 사치품이던 시절에, 저렴한 가격의 '근대적인 서구식 명과銘菓'로 아이들에게도 큰 인기를 얻었다. (왼쪽)공장에 놀러 온 아이의 손에도 프렌치파피로가.

구라시키시에서 탄생한 멋스러운 '시가' 일본 전국 브랜드로 확산 중

시가프라이 시가후라이 シガーフライ **오카야마**

가지타니식품

밀가루 본연의 고소함과 짭짤함, 노릇하게 구워진 것까지 모두 좋아할 수밖에 없는 오카야마의 소울푸드.

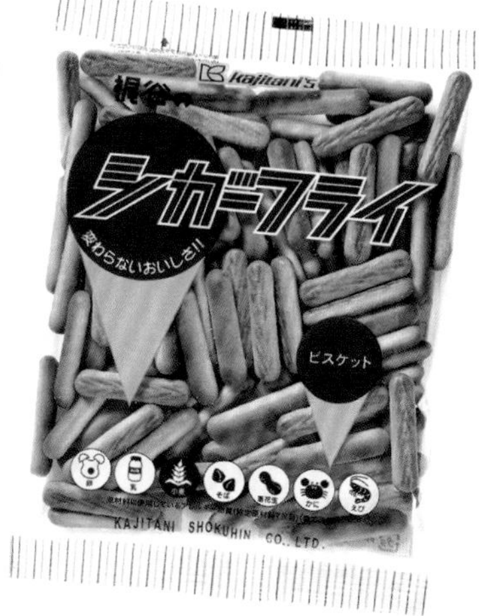

~2008년경

아직 알레르기 표기가 없던 시절의 옛날 포장. '변함없는 맛!!'이라는 표기는 지금도 그대로다.

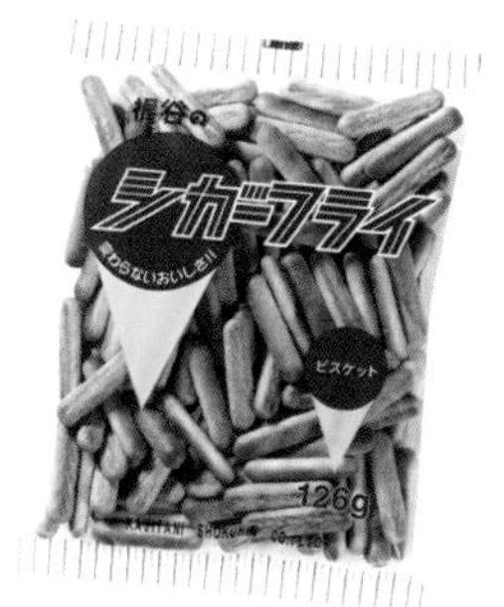

오카야마현을 중심으로, 주고쿠·시코쿠 지방에서는 모르는 사람이 없는 과자다. '한번 먹으면 멈출 수 없다'라는 캐치프레이즈로도 친숙하며, 1953년경 출시된 것으로 보인다. '시가'는 '잎궐련'이라는 의미로, 당시 잎궐련은 하이칼라(와이셔츠에 다는 높은 옷깃에서 유래한 표현으로, 서양식의 생활방식과 패션을 좇는 사람을 가리킴)가 즐기는 세련된 이미지가 있어 이런 이름이 붙었다. 구라시키시에서 탄생한 전국구 브랜드로 일본 내에 확산되고 있다.

70년 넘게 변함없는 고소함으로 주고쿠·시코쿠 지방 사람들에게 사랑받는 맛

밀가루와 설탕 등의 재료를 잘 섞어서 반죽해 틀에 찍어낸 뒤, 긴 오븐을 사용하여 고온에 구워낸다. 이 제조법은 기본적으로 출시 초기와 동일하다.

학교 급식용 크래커도!

학교 급식용으로 동그란 모양의 20g짜리 크래커도 제조한다. 현지 아이들에게도 큰 인기!

일본산 완숙 과실을 고집하는 시나노 지역 대표 과일 간식

미스즈아메 みすゞ飴 **나가노**

미스즈아메혼포 이지마상점

1950~1960년대

틴케이스 포장. 1950년대 중후반 무렵에는 샌프란시스코에도 수출을 했다는 기록이 남아 있다.

살구, 매실, 복숭아, 포도, 삼보감(감귤류), 사과 등 여섯 종류. 원료 준비에서 사탕의 모양을 잡는 것까지, 메이지시대부터 변함없이 전문가의 수작업으로 이루어진다.

실물 크기

나가노현의 전통적인 건조 젤리 '미스즈아메'. 메이지시대 말기, 물엿과 한천으로 만드는 전통 과자 '오키나아메' 반죽에 과일을 넣어 신상품으로 탄생했다. 착색료나 향료는 일절 사용하지 않으며, 가장 맛있고 향긋할 시기에 수확한 일본산 완숙 과실만을 원료로 고집한다. 식감은 마치 농후한 잼과 비슷하다. 젤리 표면은 먹을 수 있는 오블라투로 싸여 있고, 건조로 인해 농축됨으로써 보존성도 높다. 과일 왕국인 시나노(일본의 옛 율령국 중 하나로, 지금의 나가노현에 해당하며 신슈라고도 불림)를 대표하는 간식으로, 『만요슈』(8세기경 편찬된 일본에서 가장 오래된 가집歌集) 제2수에 있는 <시나노노쿠니>의 마쿠라코토바枕詞(와카 등 일본 고전문학에서 특정한 단어 앞에 쓰여 수식하거나 어조를 정돈하는 수식구)인 '미스즈카루'에서 '미스즈아메'라는 이름이 붙었다. 나가노 외에 간토나 간사이 지역의 백화점에서도 판매하고 있다.

초창기 도매점은 현지의 한정된 지역을 중심으로 했다. 제2차 세계대전 도중과 전후에는 어쩔 수 없이 공장을 폐쇄하게 되었고, 다시 문을 열 가망이 보여도 물자가 부족한 데다 달달한 먹거리는 사치인 시절이라 경영도 더없이 어려운 지경에 빠졌다고 한다. 제2차 세계대전의 동란을 거친 후, 일본의 고도 경제 성장에 힘입어 지금에 이르렀다.

100년의 역사를 느낄 수 있는 역대 포장과 광고 디자인

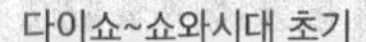

다이쇼~쇼와시대 초기

다이쇼~쇼와시대 초기

제2차 세계대전 이전의 포장

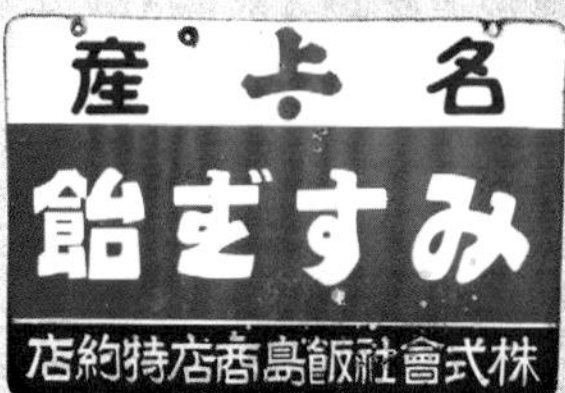

나가노현 내의 개인 상점 벽 등에 붙어 있던 법랑 간판. 오른쪽에서 왼쪽으로 읽는 것으로 보아 다이쇼~쇼와시대 초기로 추정된다.

1955년경

1960~1970년대 중반

현재

입안 가득 퍼지는 새콤달콤 산뜻한 풍미

큼직한 사탕 시트를 두께 약 15mm의 판 형태로 늘린 후, 주사위 모양으로 잘라 오블라투로 감싼다. 하루 약 80만 개가 제조된다.

실물 크기

이쪽도 롱셀러

효로쿠모치
兵六餅

사쓰마 지방(현 가고시마현의 서반부)에 전해오는 '오이시효로쿠 이야기'를 맛으로 표현하기 위해 만든 과자. 백앙금·콩고물·김 가루·말차가 자아내는 풍미가 절묘하다. 1931년 출시되었다.

한번 보면 잊을 수 없는 인상적인 디자인!

출시 당시

(위)화려한 상자 도안에 관해서는 '오사카의 전문가에게 의뢰'라는 기록뿐이다. 당시의 그림과 로고가 지금까지 이어져오고 있다. (왼쪽)출시 초기부터 거의 같은 디자인.

가고시마현의 세이카식품에서 1924년부터 제조·판매하고 있는 남국 특산물의 맛 본탄아메. 오블라투로 감싼 사탕은 쫀득쫀득 부드럽고 탄력 있는 독특한 식감으로, 새콤달콤 산뜻한 풍미가 입안 가득 퍼진다. 주원료는 물엿, 설탕, 맥아당, 찹쌀이다. 미나미큐슈의 특산물인 아쿠네산 포멜로(감귤류)에서 추출한 진액과 이치키쿠시키노 주변에서 수확한 포멜로 과즙, 규슈산 온주밀감 과즙 등의 향긋한 풍미가 살아 있다. 규슈에서는 삼대에 걸쳐 사랑받고 있는 과자로, 여자 중고생들 사이에서는 속이 든든해진다며 구미젤리나 소프트캔디처럼 통학 도중 먹는 간식으로 인기가 높다.

더위에도 녹지 않아서 제2차 세계대전 중에 일본 제국 해군의 함선용 간식으로 채택됐던 역사도 있다. 전후에는 키오스크에서도 판매되는 전국구 상품이 되었으며, 지금은 편의점에서도 쉽게 볼 수 있다. 100년이라는 긴 세월 동안 사랑받아온 단 하나뿐인 맛.

일본 과자사史에 찬란하게 빛나는, 남국 특산품의 역사

1956년(신문광고)

다이쇼~쇼와시대 초기

파란 법랑 간판 아래쪽에는 '포켓용 대 10전, 소 5전'이라고 쓰여 있다. 출시 초기의 간판으로 추정된다.

1937년(신문광고)

맨 위에 '남국의 맛'이라고 적힌 메모장. 도안에서처럼 비행기로 사탕을 뿌릴 계획도 있었다.

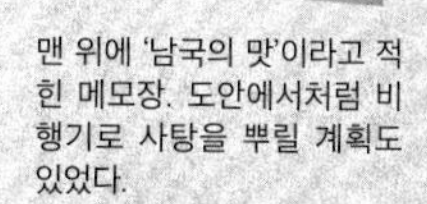

1955년경

1955~1960년경

1955년경

1970년경

(왼쪽)지역방송 프로그램 〈가족 동요 대항전〉은 본탄아메의 단독 협찬으로 방영되었다. (위)진돈야(눈에 띄는 복장을 하고 거리에서 홍보를 하는 사람)를 따라 전국을 누비는 홍보도 했으며, 1960~1970년대 중반에는 텔레비전 광고도 찍었다.

'한 알의 사탕에도 진심을 담아서' 홋카이도산 다시마(곤부)가 듬뿍!

실물 크기

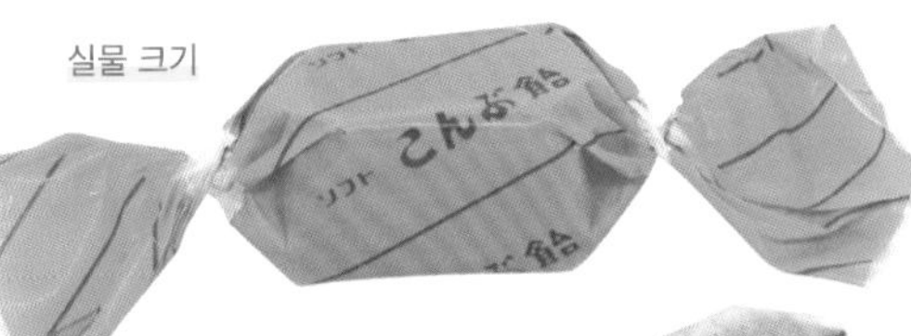

창업자가 '영양가 높고 건강에 좋은 다시마를 더 손쉽게 먹을 수 있다면 좋겠다'라는 마음으로 고안했다. '소프트 곤부아메'는 1960년 출시되었다.

예스러우면서 새로운 맛! 다시마 풍미 캔디

1977년

상자, 캔, 선물용 등 폭넓은 제품군이 있다. 다시마가 지닌 특성을 그대로 과자에 담아 먹기 좋게 제공한다. 정장整腸 작용, 비만 방지, 고혈압 예방 효과도 있다고 한다. 간사이 지방에서는 당시에도 다시마가 많이 유통되었다.

어렴풋이 감도는 바다 내음과 떡처럼 부드러운 식감이 특징인 곤부아메. 홋카이도산 천연 다시마를 물엿 등으로 푹 고아 만들어 풍미가 넘치는 소프트캔디다. 철분과 마그네슘 등이 시금치의 세 배 정도 함유된 다시마를 듬뿍 사용했고, 식이섬유와 미네랄도 풍부하다. 첨가물은 일절 넣지 않고 엄선된 재료만 사용한 자연식품이기도 하다. 1927년 오사카에서 문을 연 나니와제과는 제2차 세계대전 중 일본 정부의 식량 통제로 공장이 폐쇄되었다가, 기후시에서 제조를 재개했다. '한 알의 사탕에도 진심을 담아서'를 모토로, 대표 상품인 소프트 타입 외에 맨 처음 만들어진 하드 타입 및 잼이 들어간 제품 등 다양한 종류의 곤부아메를 선보이고 있다.

추억의 텔레비전 광고

1980년대 초중반까지 도카이 지방에서 방송되었다. 난킨타마스다레(노래에 맞춰 춤을 추면서 대발의 모양을 변화시키는 일본의 전통적인 거리 공연)풍의 경쾌한 음악에 맞춰 다시마가 춤춘다.

귀여운 손주에게 먹여주고 싶은 어르신도 추천하는 건강식품

1930년

출시 초기에는 다시마 과자를 사람들에게 알리기 위해, 길거리나 가게 앞에서 시식용 제품을 나눠주었다고 한다. 할아버지 어깨 위에 앉은 손주의 손에도 곤부아메가.

1980~2000년경의 포장. 이 다시마 캐릭터는 지금도 대용량 팩 등에서 볼 수 있다.

홋카이도산 최고급 다시마 두 종류를 블렌딩한 비법의 맛

홋카이도의 히다카 지방 연안에서 채취한 히다카 다시마와, 하코다테 주변에서 채취한 다시마를 사용한다. 다시마는 매년 7~9월 사이 맑은 날 이른 아침에 수확해, 그날 안에 해안가에서 천일건조한다. 증기솥에 물엿 등과 넣어 몇 시간 동안 바짝 조려 사탕 형태가 되면, 컨베이어 위에 올려 식힌 후 작게 자른다.

깊은 맛이 느껴지는 부드러운 달콤함
소박하고 정겨운 지치부의 지역 사탕

실물 크기

오키나와산 흑당을 넣은 고쿠토다마, 박하유를 넣은 자다마, 벌꿀이 들어간 하치미쓰토의 세 종류. 세 가지 맛을 같이 즐길 수 있는 믹스도 있다.

주민과 관광객 모두가 좋아하는 옛날 그대로의 고집스러운 수제 사탕

(위)납품할 때 사탕을 담던 상자에 붙어 있던 쇼와시대 무렵의 상자 라벨. (왼쪽)1960~1980년대 중반으로 추정되는 상품 라인업.

엄선한 원료와 재료 본연의 맛을 고집하는 전문가가 전통 기술로 오랜 시간 정성 들여 만들어낸 지치부아메. 직화식으로 제조하여 깊은 맛이 느껴지는 부드러운 달콤함은 소박하게 느껴지면서도 추억을 떠오르게 한다. 지치부 산간에 공장을 둔 데시가와라제과는 1864년 화과자 가게로 문을 열었다. 제2차 세계대전 중에 '이모아메(감자 사탕)'를 만들었고, 쇼와시대가 되자 '지치부아메'라는 이름으로 판매를 시작했다. 사탕 대부분은 첨가물을 넣지 않아 덜 자극적이고 고급스러운 느낌으로, 창업 이래 질리지 않는 맛을 지켜오고 있다. 지치부 시내의 슈퍼마켓과 소매점 등을 중심으로 사이타마현 북부 지방 일대에서 판매되며, 현지에서는 가정의 상비 간식일 뿐만 아니라 장례식 답례품으로도 단골 메뉴인 사탕이다.

엄선한 재료의 맛을 소중하게 옛날 방식 그대로의 전통 제조법

전문가의 손에 의해 제조법이 전수되어온 지치부아메. 시대가 변함에 따라 제조하는 기계도 달라졌지만, 그 맛은 예나 지금이나 변함없다.

1965년경

헤이세이시대 초기

공장과 점포 외관. 공장 안의 기계는 이후 새로운 것으로 바꾸었으나, 건물 자체는 모두 지금도 그대로 사용하고 있다.

1965년에 지금의 공장을 지은 후 헤이세이시대 초기까지 사용했던 설비. 동솥으로 조린 원료를 펼쳐놓는 냉각판(위)과 당시 제조하던 평평한 과일 맛 사탕을 성형하는 기계(왼쪽).

1996년경

동솥과 냉각판(왼쪽)이 새로운 것으로 교체되었고, 사탕 성형은 동그란 사탕을 만드는 기계(위)만 남게 되었다. 왼쪽은 30년, 위는 50년 가까이 지난 지금도 현역으로 가동 중이다.

1994년경

당시 가게 내부 모습. 사탕이 주력 상품인 데시가와라제과답게 형형색색의 지치부아메가 죽 진열되어 있다.

과자류도 롱셀러

사탕 제조가 중심이 된 이후에도 여러 가지 과자류를 제조·판매하고 있다. 미숫가루로 만든 옛날식 과자 지치부코센보도 그중 하나.

오블라투 발명으로 탄생!
컬러풀한 한천 젤리

믹스젤리 믹쿠스제리 ミックスゼリー **아이치**

스즈키제과

실물 크기

베테랑 기술자가 하나하나 손으로 정성스럽게 오블라투로 감싼다. 셀로판으로 양옆을 꼬은 포장도 귀엽다.

상자 포장된 '믹스젤리'(위)는 현재 주로 아이치현 내에서 판매된다. 다채로운 색깔의 과일이 그려진 디자인은 처음 출시되었을 때와 똑같고, 현지에서는 선물용으로도 인기다. 봉투에 담긴 제품도 있으며 아이치, 기후, 시즈오카와 도쿄에서 판매되고 있다.

투명한 색채와 특유의 식감으로 큰 인기!

딸기, 멜론, 포도, 복숭아 등 형형색색의 투명하고 네모난 한천 젤리. 1932년 세워진 스즈키제과의 믹스젤리는 식이섬유가 풍부한 기후현 에나시 야마오카산 실한천을 100% 사용해, 옛날 방식 그대로 직화 고온 제조법으로 만든다. 물엿과 설탕을 직화로 고온까지 가열해가며 시간을 들여 확실히 섞어 식감이 더욱 매끄럽다. 일반적으로 구할 수 있는 가루한천 대신 양질의 실한천을 사용한 젤리는, 입안에서 부드럽게 녹는 고급스러운 맛이 특징이다. 과일의 맛을 재현해 오블라투로 감싼 믹스젤리는 예로부터 변함없는 본연의 맛으로 인기가 높다.

스즈키 기쿠지로

출전 : 다하라초사史

쇼와시대 초기

한천 젤리 발명의 시조 스즈키 기쿠지로 젤리를 감싸는 '오블라투'도 발명!

스즈키 기쿠지로는 고형 사탕 과자인 '오키나아메'부터 물엿을 원료로 한 젤리를 만들어낸 한편, 젤리끼리 들러붙지 않도록 하는 동시에 부드러운 식감을 보존할 수 있도록 전분으로 만드는 '오블라투'를 발명했다. 이 발명으로 1914년에 오블라투로 감싼 한천 젤리가 탄생했다.

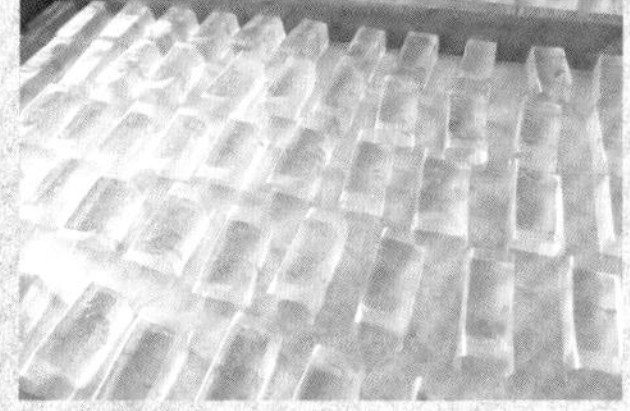
오블라투로 감싸 건조시킨 모습

오키나아메
翁飴

멜론에 딸기, 오렌지… 과일 풍미 젤리

프루츠한천젤리는 2008년 등장했다. 더욱 선명하고 화사한 색감과, 향료를 사용한 과일 풍미가 특징이다.

프루츠한천젤리
후르츠칸텐제리 フルーツ寒天ゼリー

초록색 꼭지로 딸기를 표현한 겨울 한정품 딸기젤리

양옆을 꼬은 셀로판 포장으로 딸기를 표현한 겨울 한정품 딸기젤리. 여름철에는 아쓰미한토 특산물로 만든 멜론젤리를 판매한다. 1932년 한천 젤리를 발명한 기쿠지로에게서 사업을 이어받은 스즈키제과가 전통의 맛과 제조법을 지켜오고 있다.

오블라투로 감싼 사탕
세토우치 여행 친구로도!

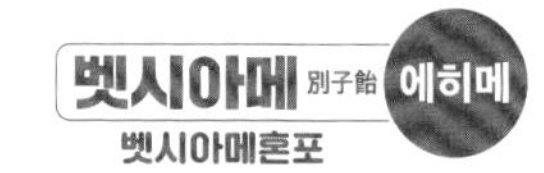

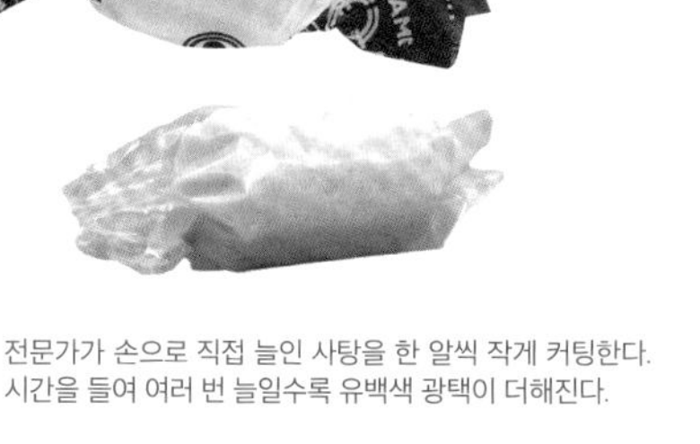

전문가가 손으로 직접 늘인 사탕을 한 알씩 작게 커팅한다. 시간을 들여 여러 번 늘일수록 유백색 광택이 더해진다.

오블라투로 감싼 우유 풍미의 벳시아메는 일본의 3대 구리 광산 중 하나인 '벳시 동산銅山'의 이름을 내건 에히메의 명과다. 추억의 소박한 맛은 옛날식 동솥에 물엿을 끓여 만드는 창업 이래의 제조법대로 만들어진다. 에히메 특산품인 귤, 딸기, 코코아, 말차, 피넛 등 다섯 가지 맛이 있으며 포장지 색으로 각각의 맛을 표현했다.

1868년부터 과자 제조 1926년에 벳시아메 탄생

1950년대 중반에서 1960년대 중반의 종이 상자와 포장지 등. 모두 벳시 동산의 역사를 이야기해주는 디자인이다. 왼쪽 아래에는 센류(5·7·5조의 짧은 시로, 주로 사람이나 사회를 풍자하는 내용) 공모 당시 당선자에게 보낸 상품 교환권도 있다.

1950년대 초중반

'이요 명산품 벳시아메'라는 글자가 쓰여 있고, 커다란 스피커가 설치된 선전차. 1940년대 중반에서 1950년대 중반 무렵의 사진으로 추정된다.

최상의 흑당으로 만든다 바둑돌을 흉내 낸 나치의 구로아메

구로아메나치구로 黒あめ那智黒

나치구로소혼포

와카야마

미에현 구마노시의 명산물인 흑석 '나치구로이시'로 만든 바둑돌을 본뜬 사탕에 '나치なち'와 '구로ぐろ'라는 글자가 돋을새김되어 있다.

둥근 캔에 든 사탕은 관광 명소가 그려진 낱개 포장 타입. 기본적으로는 미에현 내에서만 판매되지만, 물산전(지역 상품 전시회) 등에서 취급될 때도 있다.

목이나 몸에도 좋은 '구로아메(흑사탕)'로 알려진 구로아메나치구로. 엄선된 아마미 제도의 흑당을 아낌없이 사용한 구로아메는, 깊고 부드러운 달콤함과 소박한 풍미가 특징이다. 1877년 문을 연 나치구로소혼포는 전통을 이어받은 독자적인 제조법을 고집하며 구로아메를 만들면서 100년이 넘는 시간 동안 옛날 그대로의 맛을 지켜오고 있다.

선물용 옛날 캔 포장과 강력한 임팩트의 텔레비전 광고

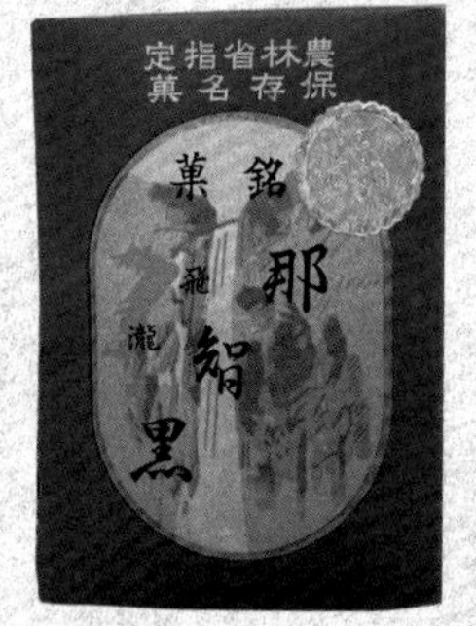

~2012년경

(왼쪽)정정한 할머니와 흑인 남성이 고고를 추는 광고는 1972년경부터 약 10년간 방송되었다. 'OH! 구로아메나치구로!' 스캣은, 쇼카쿠야 지토세(일본의 만담가이자 가수)가 맡았다. (위 왼쪽)캔이 들어 있던 겉 상자. (위 오른쪽)둥근 캔의 옛날 디자인.

고구마의 달콤함과 풍미 가고시마에서 태어난 소박한 사탕

가라이모아메 からいも飴 · 가고시마

후지야아메혼포

1886년 창업 이래, 140여 년 넘게 변함없는 제조법으로 사람들에게 사랑받는 사탕.

1975년경

1991년경

가고시마 향토 과자로 알려진 소박한 맛의 가라이모아메. '가라이모'는 고구마를 가리킨다. 가고시마산 고구마만을 사용해 맥아 제조법으로 직화 솥에 푹 고아 만든 사탕이다. 처음에는 캔디처럼 단단하지만, 빨아 먹을수록 말랑해진다. 따뜻한 차와 함께 먹으면 부드럽게 녹으면서 고구마의 달콤함과 풍미가 입안 가득 퍼진다.

이미지에 딱 어울리는 건강한 느낌의 모델도 등장. 소화에 좋은 가라이모아메는 몸에 좋은 무첨가 식품으로도 인기다.

이쪽도 롱셀러

미가밀 ミガーミル

히로시마에서 판매되었던 '비가'라는 우유 사탕을 재현했다. 이름은 밀크와 비가를 합친 것이다. 규슈산 우유를 사용한 말랑한 우유 사탕.

마음까지 편안해지는 따뜻한 간식
현지 팬은 여름철에도 즐겨 마시는 중!

시루코/아메유 しるこ/あめゆ
가가와

야마세이

뜨거운 물을 붓고 동봉된 스푼으로 저어주기만 하면 완성되는 따뜻한 간식. 독자적인 제조법으로 팥앙금을 과립 건조시켜 식감이 매끄러운 시루코(곱게 간 팥을 물과 섞어 끓여 떡 등을 넣은 것)에는 고소한 아라레가 듬뿍 들었다. 생강을 넣고 단맛을 줄인 아메유(물엿을 따뜻한 물에 녹여 소량의 계피를 넣은 것)와 함께 가가와현 아야가와초를 중심으로 판매하고 있다. 현지에서는 오추겐이나 오세이보(신세를 졌거나 고마운 이에게 선물을 보내는 풍습으로, 오추겐은 7~8월경, 오세이보는 12월경) 때의 선물용뿐만 아니라, 상자째 집에 사놓는 것이 기본이다.

뜨거운 물을 붓고 섞는 사이에 걸쭉해지고, 달콤한 향이 은은하게 퍼진다. 부풀어 오른 아라레가 꽃이 피듯 떠오르는데, 식감은 떡과 비슷하다.

독자적인 제조법! 긴토키앙

1972년 야마세이 연구실에서 개발한, 유동층 건조기로 제조된 과립 형태의 건조 팥앙금. 맛있는 고운팥앙금을 쉽게 만들 수 있다.

품질 본위로 정정당당하게 경쟁에서 이겨내겠다는 바람을 담은 야마세이의 긴토키안 마크.

삼각김밥 모양
이것이야말로 일본의 센베이!

마스야

기간 한정 상품도 속속!
인기 상품은 '매실 차조기'와 '일본식 카레'

어니언콩소메를 시작으로 와사비, 영귤, 송이버섯 풍미 등 수량 한정 상품들을 출시하는 가운데, 반응이 좋았던 맛은 이듬해에도 판매한다. 역대 특히 인기가 많았던 맛이 위의 두 가지다.

센베이 크기는 출시 이래 가로 세로 약 6cm였는데, 먹기 좋게 한 단계 작아진 크기도 등장했다. 줄줄이 4개입처럼 더욱 작은 '프티 사이즈'도 판매 중이다.

센베이라고 하면 동그랗거나 네모난 모양이 대표적이었던 1969년, '세모난 센베이는 왜 없지'라는 생각에서 미에현의 마스야가 개발한 오니기리센베이. 통통하고 바삭바삭한 쌀과자에, 다시의 감칠맛에 심혈을 기울인 간장 양념을 바르고 향긋한 구운 김 가루를 뿌렸다. 원료가 쌀이고 모양이 삼각형이라 자연스레 이 이름이 되었다. 예로부터 내려오는 일본의 전통을 살려 화려함을 연출할 수 있는 가부키 무대의 막 디자인과, 획기적인 삼각형(정확히는 우측의 육각형) 포장으로 출시했다. '♪오니기리센베이 에~이'라는 텔레비전 광고의 효과에 힘입어, 서일본을 중심으로 인기를 누리고 있다.

반세기 이상의 역사를 자랑하는 마스야의 간판 상품

초대

1970년대

1980년대

1990년대

2000년대

옛날부터 친숙한 날개 포장도!

2개입

출시 초기에는 내용물이 보이도록 봉투의 일부분이 투명했다. 미니 사이즈 2개입은 막과자 가게 등에서도 판매되어서 어린이들에게 인기가 높았다. 1999년에는 출시 30주년을 기념해 캐릭터 '오니기리 보야(꼬마)'도 탄생!

(왼쪽)창업 초기의 상품 개발실과 영업차. (오른쪽)출시 초기, 포장하는 모습과 매장 풍경. 빽빽하게 쌓인 과자 봉지로 인기를 엿볼 수 있다.

세련된 유럽 감각의
파삭파삭 우스야키센베이

실물 크기

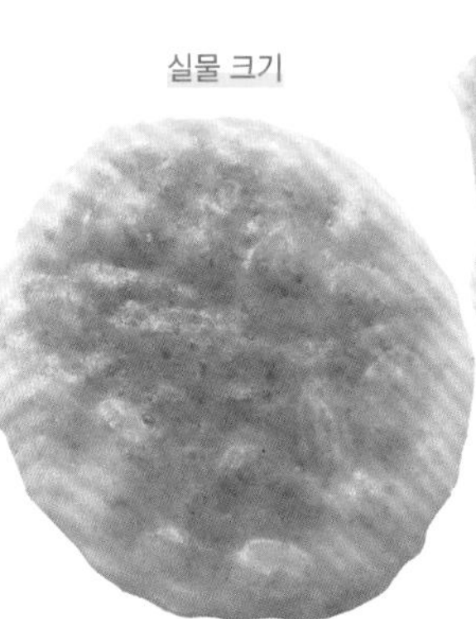

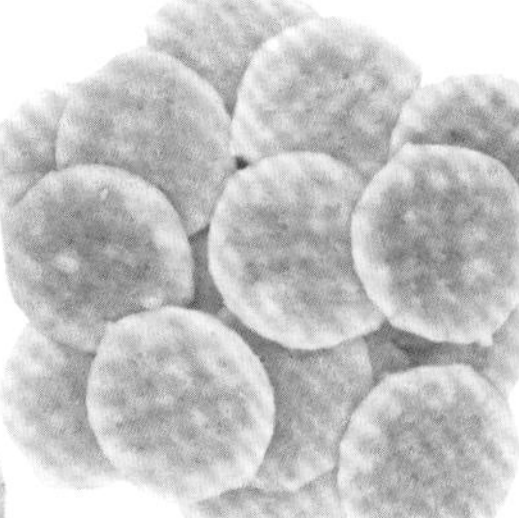

1968년에 출시. 상품명은 사내 공모를 통해 이탈리아의 여자아이 이름인 '로미나'로 결정됐다.

1960~1970년대부터 이어져온,
겐부도 최고의 롱셀러

진주색 필름 봉투나 투명한 봉투, 감자칩 같은 디자인 등 포장 디자인에도 역사가 있다. 몇 번이고 똑같이 생긴 유사품이 유통되었지만, 겐부도 측은 '흐뭇한 과거의 추억'이라며 웃어넘긴다.

얇게 구웠지만 씹는 맛이 확실하고, 무엇보다 원료인 멥쌀의 맛이 제대로 나는 것이 특징이다. 짭짤함 안에 감춰진 머스터드나 향신료 풍미 또한 계속 먹고 싶게 만드는 맛의 비결이다. 1951년, 효고현 도요오카시의 겐부도역 부근에서 문을 연 겐부도. 근처에 후타미 수원지가 있어 물이 풍부하다는 이점을 살려, 시구레(팥, 쌀가루, 찹쌀가루 등을 반죽해 쪄서 만든 화과자의 일종)나 아라레를 만들기 시작하다 규모를 확대하고 로미나로 한 시대를 풍미했다. 포장이나 크기를 바꾸면서 굽는 법도 전기솥에서 가스 솥으로 변경했다. 출시 초기의 맛과 파삭파삭한 식감은 그대로이며, 반세기가 지난 지금도 돗토리현과 시마네현을 중심으로 꾸준히 사랑받고 있다.

리뉴얼을 거듭하며 끊임없이 판매되어온 로미나

센베이지만 서양풍으로 맛을 내, 포장에는 '유러피안 스낵'이라는 글자를 써넣었다. 크기도 커지거나 작아지는 등 변화를 겪었다.

추억의 텔레비전 광고

상쾌한 스위스의 산들
여기서도 로미나는 인기!

스위스 편

스위스의 산들을 배경으로 로미나를 먹는 사람들. 유럽의 분위기를 전면에 내세웠다.

에게해 편

'에게해의 태양처럼 밝고, 쾌활한 친구들'도 모두, 로미나를 좋아한다.

1·2·3 편

애니메이션으로도 제작. 40년 후인 2011년에는 이 추억의 광고를 되돌아보는 새로운 광고도 만들어졌다.

비옥한 풍토의 도야마에서 탄생
쌀과 물에 사활을 건 오카키

1979년

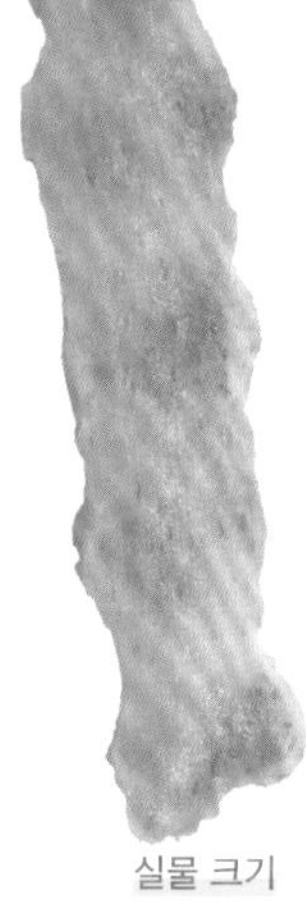

실물 크기

초창기 포장 디자인. 자세히 보면 옆을 향한 여성의 머리카락이 필기체로 쓰인 'LongSalad'라는 것을 확인할 수 있다.

1935년 창업 이래, 계속해서 오카키와 아라레를 만들어온 호쿠에쓰의 주력상품. 호쿠리쿠를 중심으로 혼슈·시코쿠 지역까지 판매된다. 호쿠리쿠의 3개 현이 70%를 차지하지만, 규슈에서도 일부 유통되는 경우가 있다.

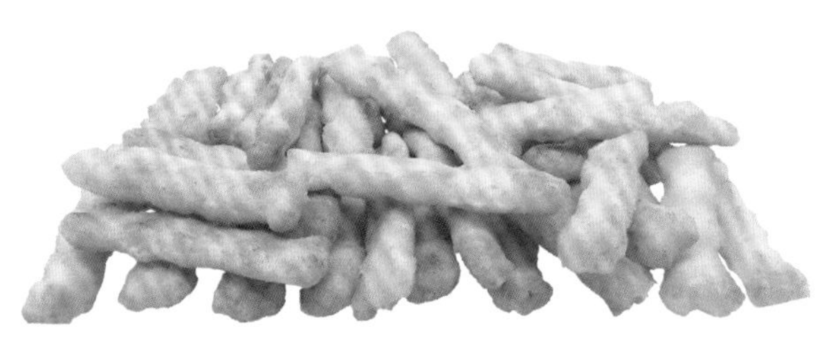

곡창지인 도야마현에 자리한 호쿠에쓰. 북알프스 산지에서 뻗어나온 지하수도 흐르는 덕에, 좋은 '쌀'과 '물'로 만든 이곳의 롱셀러 상품이 롱샐러드다. 100% 일본산 찹쌀을 사용해 고소한 향과 깊은 맛을 끌어냈다. 슈거버터의 풍미와 찹쌀의 달콤함이 알맞게 어우러진 바삭한 오카키다. 문을 연 지 44년이 지난 1979년 출시됐다. 당시에는 희귀했던 마가린과 설탕을 넣어, '지금까지 없던 샐러드 맛(일본에서는 샐러드유를 사용해 맛을 낸 것을 '샐러드 맛'이라고 표현)'이 탄생됐다. 가늘고 긴 모양으로, 입을 크게 벌리지 않고 품위 있게 먹을 수 있어 여성들에게도 호평을 얻었다. '서양풍 향' '고소한 향과 깊은 맛' 등 포장 디자인의 카피도 조금씩 바뀌면서 지금에 이르렀다.

불과 직원 다섯 명으로 시작한, 호쿠에쓰의 역사

'재료 본연의 맛, 자연의 맛'을 소중히 하며, 찹쌀이 지닌 달콤함과 향을 느낄 수 있는 상품을 만들어오는 데 주력하는 호쿠에쓰의 역사를 돌아본다.

1937년

1960년

1955년

도야마현 난토시 신마치(구 니시토나미군 후쿠미쓰)에서 문을 열었다. 사진은 창업주인 가타야마가의 앨범에서 나온 것. 불과 다섯 명의 직원이 전부 수작업으로 만들었다.

1963년

호쿠에쓰의 전신에 해당하는 호쿠에쓰제과소가 1963년에 세운, 당시의 오야베 공장. '호쿠에쓰아라레'라는 글자가 위풍당당하다.

1969년

1985년

1989년

찹쌀을 주원료로 한 쌀과자 제조업체라는 걸 표현하기 위해, 떡방아 찧는 모습을 포장에 넣었다.

2007년

手焼き風味
一丁焼
国産 もち米 100%

잇초야키
一丁焼

1969년 출시. 일본산 대두를 넣은 것과 홋카이도산 다시마를 넣은 것 두 종류가 들어 있으며, 모두 와삭하게 구워낸 짭짤한 오카키. 출시 당시부터 맛과 모양, 포장 디자인까지 거의 바뀌지 않았다.

이쪽도 롱셀러

백앙금에 밤을 이겨 넣은 쇼게쓰도의 톱 브랜드

기계화가 진행돼도 맛은 당시 그대로. 2개가 든 작은 봉지에 그려진 무늬도 1970년경부터 변하지 않았다.

'데보'라는 콩으로 직접 만든 백앙금을 원료로 하여, 밤 등을 넣고 구워냈다. 현지 야마나시에서는 쇼게쓰도 하면 구리(밤)센베이라고 할 정도로 쇼게쓰도의 대표 상품이다. 1899년 개업해 별사탕 등을 판매하다 쇼와시대 초기에 구리센베이를 개발했다. 당시에는 전문가가 직접 구워 고급품으로 취급되었다.

숯불·가스로 손수 굽다 1965년에 이윽고 기계화

(위)직접 제조하는 백앙금. (아래)센베이를 굽는 기계는 3년에 걸쳐 개발. 금형은 밤 모양 그대로 개량만 해서, 지금은 하루에 2만 개를 제조할 수 있다.

다이쇼시대~1955년

(위)다이쇼시대부터 1955년까지의 점포. (아래)나중에 신축한 점포. 현재 점포는 이 건물을 리모델링한 유서 깊은 건물이다.

살짝 서양풍 원조 우스야키센베이

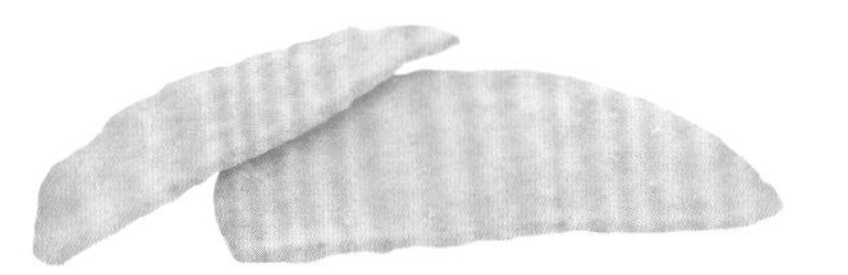

센베이라고 하면 도톰한 두께의 간장 맛밖에 없던 시절, 얇게 구워 새로운 맛에 도전했다. 직경 약 6cm의 센베이를 이렇게 얇게 구운 것이 경이롭다.

출시~2006년경

~2015년

오란다센베이 オランダせんべい

야마가타

사카타베이카

야마가타현 쇼나이 지역산 일등미만을 사용한, 파삭하고 가벼운 식감의 우스야키센베이. 샐러드 풍미의 산뜻한 짭짤함으로, 두께는 겨우 3mm. 1962년 사카타베이카에서 독자적으로 개발했다. 사카타베이카의 공장이 있는 쇼나이의 전원 풍경이 네덜란드(오란다)의 풍경과 비슷했던 점에 더해, '오라다(우리)의 센베이'라는 데서 '오란다센베이'라는 상품명이 됐다는 말도 있다.

중후한 벽돌 가마 손수 구워낸 맛

1940년대 중반~1960년대 중반

1951년 문을 열었다. 초기에는 벽돌로 만든 가마에 숯불을 넣어 손수 센베이를 구웠다.

추억의 텔레비전 광고

1960년대 중반에서 1970년대 중반에 우스야키센베이 붐이 일자 텔레비전 광고를 제작. 제1탄에서는 무명 시절의 야마모토 린다(일본의 가수 겸 배우)가 '♪먹~었어~ 먹었어 오란다센베이 먹었어'라고 노래했다.

과자나 간식에 '지역'이 있는 것처럼, 주스에도 물론 오랜 세월 사랑받아온 그 토지 특유의 맛이 존재한다. 여기서는 각지에서 부동의 인기를 자랑하는, 개성 있고 독특하며 맛있는 '지역 주스'를 소개한다!

과자와 함께
꿀꺽꿀꺽 마시고 싶다!

지역 주스

리본나폴린 리본나포린 リボンナポリン

풋카삿포로푸드&비버리지

(위)나폴린 출시 초기의 라벨. 오렌지가 비치는 모던한 디자인. (왼쪽)1970년대 전반기의 병 패키지. (아래)1963년의 포스터.

상큼한 오렌지색 탄산음료 리본나폴린은 홋카이도 한정품이다. 1911년 탄생한 이래, 홋카이도 사람들의 갈증을 채워주었다. 초기에 넣은 것으로 전해지는 블러드오렌지의 산지인 지중해 도시 나폴리에서 따와 '나폴린'이라고 이름 붙였다.

로열톱 로야루톱푸 ローヤルトップ

나고야우유

주로 우유 택배 판매점을 통해 소매점이나 목욕탕에서 판매. 한 병에 180㎖이며 6병들이, 10병들이 패키지도 있다.

1967년 출시 이래, 도카이 지역에서 사랑받고 있는 탄산 영양 음료 로열톱. 벌꿀이 들어가 산뜻한 단맛이 느껴지는 탄산음료다. 목욕탕에서도 판매되는 상품으로, 목욕을 마친 후 벌컥벌컥 마시는 것도 추천한다.

후쿠이

로열사와야카 로야루사와야카 ローヤルさわやか

호쿠리쿠로열보틀링협업조합

투명한 초록색이 예쁜 탄산음료 '로열사와야카'. 약간 달달한 멜론 맛으로 아이부터 노인까지 마시기 좋은 음료다. 1978년에 출시되자마자 대히트. 후쿠이현에서는 누구나 아는, 그야말로 후쿠이의 소울드링크다!

코업과라나 코압푸가라나 コアップガラナ

오바라

과라나 열매에서 추출한 과라나 진액을 넣어 자극적인 짜릿함에 중독되는 탄산음료. 1960년 출시 이래, 홋카이도의 마실거리로서 정착했다. 당시 판매되던 유리병을 재출시한 '앤티크 보틀'(왼쪽)도 멋스럽다.

1968년에 탄생! 크림소다 맛의 '스맥'

크림소다
스맥골드

시원해 보이는 초록색의 작은 유리병에 담긴, 추억이 묻어나는 크림소다 맛 탄산음료 스맥은 1968년 탄생했다. 미에현 누와나시의 오래된 음료 제조업체 스즈키코센에서 병에 담긴 크림소다 음료를 개발한 뒤, 중소 음료 제조업체 몇 곳과 통일 브랜드 '크림소다 스맥골드'(애칭 스맥)로 출시했다. '크림의 속삭임'이라는 캐치프레이즈와 자잘한 거품의 우유 풍미로 크게 히트했다. 지금도 여러 음료 제조업체에서 제조·판매하고 있는 롱셀러다.

'Skim Milk(탈지유)·Acid(산)·Carbonate(탄산)·Keeping(함유)'의 앞 글자를 따서 'SMACK(스맥)'이라고 이름 붙였다. 똑같아 보이지만 업체마다 맛이나 라벨, 뚜껑 디자인이 미묘하게 다르다.

미칸미즈
みかん水

오카와식품공업

오사카

목욕탕이나 막과자 가게에서 판매되어 오사카 아이들의 각별한 사랑을 받은 음료. 오렌지도 사과도 레몬 주스도 아닌 불가사의한 맛. 오카와식품공업의 미칸(귤)미즈(물)는 오사카 서민 동네 추억의 맛으로 인기.

오초레모네이드
오초레모네도
大長レモネード

나카모토혼텐

히로시마

일본에서 가장 오래된 레몬 산지 구레시의 오초 지역. 그 오초 레몬의 과즙과 설탕, 구레의 특별한 우물물만으로 만든 심플한 레모네이드. 다이쇼시대의 레시피를 바탕으로 2016년 출시.

히라미8
히라미에이토
ヒラミ8

JA오키나와

오키나와

오키나와현산 시콰사(오키나와 및 대만 등지에 자생하는 감귤류) 과즙 함유. 상큼한 향과 산미가 특징으로, 물 등에 희석해 마신다. 학교 방과후 동아리 활동 중에는 열중증 예방이나 피로 회복을 위해 대량으로 만들어 디스펜서를 사용해 따라 마시는 것도 일반적이다. 1982년 출시.

간사이에서는 기본!? 여름에는 차갑게, 겨울에는 뜨겁게

히야시아메

아메유

히로시마

오사카

오난식품 오카와식품공업 니혼산가리아

부드러운 달콤함과 생강향, 적당한 알싸함이 특징인 히야시아메. 간사이에서는 여름 음료로 친숙하다. 일반적으로는 맥아 물엿과 생강이 들어가고, 차갑게 하면 히야시아메, 데우면 아메유가 된다. 니혼산가리아 캔의 한쪽에는 '히야시아메', 반대쪽에는 '아메유'라는 글자가 쓰여 있어 여름과 겨울 모두에 대응하는 디자인이다. 오카와식품공업의 히야시아메는 병 제품으로 약 30년 전부터 판매되었다. 오난식품에서는 캔과 원 컵 용기에 판매한다. 간사이에서는 슈퍼마켓이나 자판기의 대표 상품이기도 하다.

긴타이요쓰부오렌지미칸
金太洋つぶオレンジみかん

다이요식품

나가사키

귤 알갱이가 듬뿍! 1970년 출시 이래, 나가사키에서 큰 인기를 누리고 있는 살짝 달달한 과즙 음료. 쌉쌀함과 산미가 특징인 아마나쓰미칸(위 오른쪽)도 맛있다. 캔 디자인도 쇼와시대 레트로풍이다.

도치기

간토·도치기 레몬/이치고

간토·도치기 레몬/이치고 関東·栃木レモン / いちご

도치기유업

도치기현 주민의 소울드링크, 통칭 '레몬우유'! 우유의 부드러움, 은근히 풍기는 새콤달콤한 향에 은은한 단맛이 나는 레몬색 유음료. 도치오토메(도치기현에서 개발된 딸기 품종)를 사용한 '딸기(이치고)우유'도 인기다.

나가사키

쿨소프트

쿠루소후토
クールソフト

미라클유업

달콤한 맛과 오렌지 과즙을 넣은 상큼한 뒷맛이 특징인 유산균음료 쿨소프트. 1976년에 나가사키 사세보시에서 탄생한 이래, 사세보의 소울드링크로 군림하고 있다.

요구룻페

ヨーグルッペ

미나미니혼낙농협동

새콤달콤한 추억의 맛 요구룻페. 1985년 발효유를 주원료로 한, 순한 요구르트 풍미의 유제품 유산균음료로 미야자키에서 탄생. 그 맛은 전국으로 퍼졌다.

소프트카쓰겐

소후토카쓰겐
ソフトカツゲン

유키지루시메그밀크

산뜻한 산미와 단맛의 유산균음료 소프트카쓰겐. 1979년에 '유키지루시카쓰겐'(병 제품)을 단숨에 마실 수 있는 종이 팩 제품으로 대폭 리뉴얼했다. 홋카이도 출신에게는 대표적인 추억의 맛이다.

고치

리플

리푸루
リープル

히마와리유업

산뜻한 단맛과 산미의 유산균음료 리플. 1960년대 탄생한 이래, 상큼하게 입에 감기는 맛으로 인기다. 고치현 주민의 소울드링크로서 인지도도 높아져, 일본 전국에 팬이 있다.

미야자키

데어리사와

デーリィサワー

미나미니혼낙농협동

딱 좋은 단맛, 산뜻한 입맛의 유산균음료. 젖빛 유리 같은 플라스틱 용기에, 포일로 밀봉된 윗면에 빨대를 꽂아 마신다. '멜론 맛' 출시는 1969년.

화로에서 구운 소박한 맛
난부번의 전투 식량이 원형

난부센베이 南部せんべい **이와테**
고마쓰제과

밀과 참깨, 살짝 짭짤한 맛이 나는 소박한 난부센베이. 창업자인 고마쓰 시키가 가사 일을 돕던 아오모리현의 센베이 가게에서 굽는 법을 배워, 1948년 난부센베이 가게를 열었다. 할머니가 화로에 구워주는 센베이의 맛은 이와테를 대표하는 과자가 되었다. 그 기원도 오래되었는데, 하치노헤나 모리오카 등지의 난부번(지금의 이와테현 중부와 아오모리현 동부, 아키타현 북동부에 걸친 영지)에서 450년 전부터 전투 식량으로 구워 먹었다고 한다.

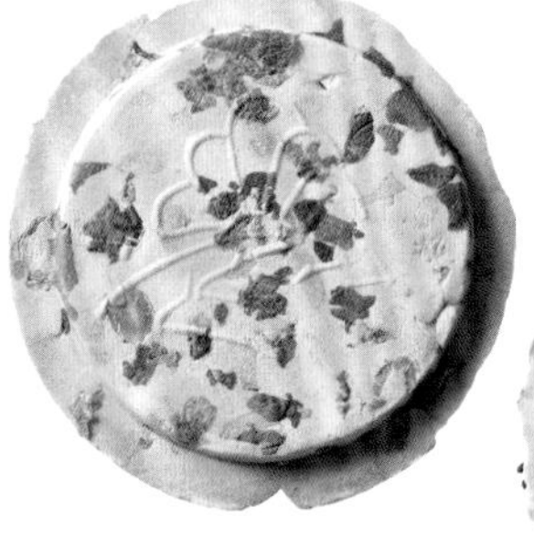

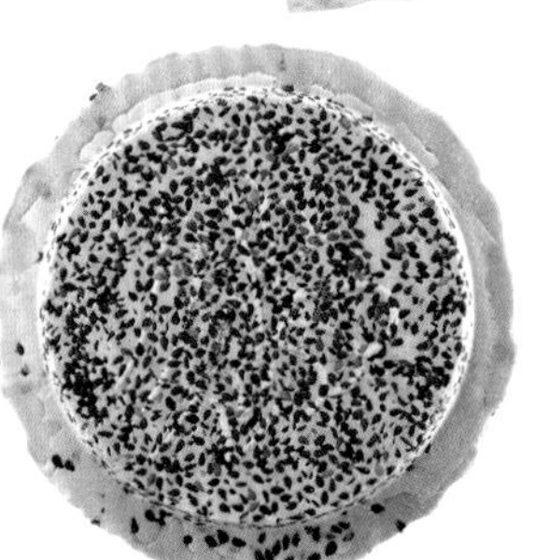

출시 초기에는 참깨 센베이가 주류였으나 그 후 땅콩, 간장이 등장. 난부에서는 제사나 경사에 빼놓을 수 없는 맛이다.

주식으로 먹던 시대를 지나 지금으로 이어진다

1948년

고마쓰는 자신의 저서에서 "전쟁이 끝난 직후에도 밀과 참깨만큼은 어떻게든 구해져, 재료를 구하는 데 고생이랄 만한 것은 없었습니다"라고 말한다.

흰쌀밥 같은 것은 꿈도 못 꾸던 당시 농민들에게 메밀가루나 밀가루로 만들어 아궁이 또는 화로에서 구운 센베이는 주식으로도 소중한 식량이었다고 한다.

버터 풍미 가득 참신한 아이디어로 큰 인기!

도쿠세이버터센베이 特製バター煎餅

시부카와제과

아오모리

밀가루와 마가린·버터가 원재료로, 약간 두께감이 있고 쿠키와도 비슷한 식감.

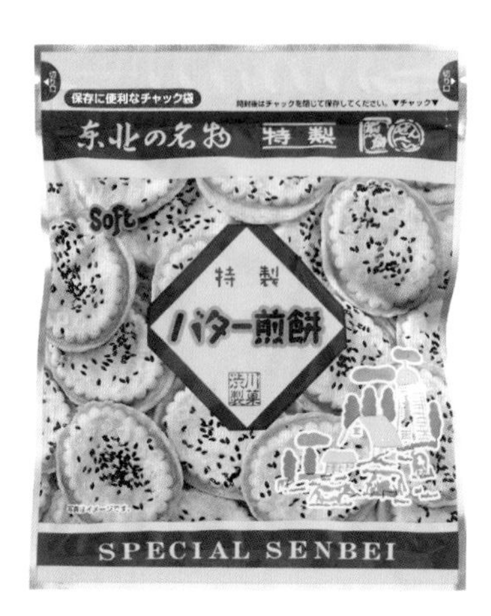

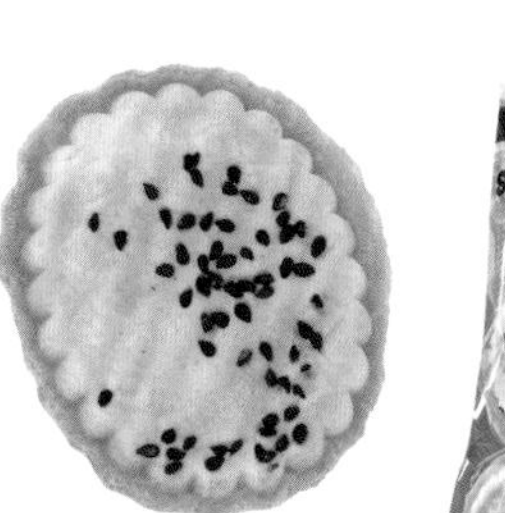

(오른쪽)옛날 포장. 지금은 지퍼락이 달린 알루미늄 봉지지만, 디자인은 예나 지금이나 거의 같다.

버터 맛과 참깨 풍미가 적절히 어우러진 부드러운 식감의 도쿠세이(특제)버터센베이는 1955년경 출시되었다. 시부카와제과의 2대 사장이 빵집 주인인 친구에게 상담한 뒤 의견을 참고해 버터를 사용한 센베이를 고안, 시행착오 끝에 완성했다. 당시 아오모리현 내에 버터를 사용한 센베이는 없었기 때문에 금방 큰 인기를 얻었다. 지금도 시부카와제과에서 가장 인기 많은 상품이다.

아오모리현 최초의 버터가 들어간 센베이 반죽부터 손수 만들어 선사

1965년경

창업은 1923년. 아오모리현 구로이시시 히가시신마치에 있는, 쓰가루 지역 굴지의 노포 센베이 가게로 현지에서 오래도록 사랑받고 있다.

1960년에는 아오모리현 지사에게 '진보상'도 수상했다. 당시 공장 간판에는 '도호쿠 명물 버터 센베이 각종'이라는 글자가 쓰여 있었다.

여러 종류의 안주가 한 봉지에 엄마도 좋아한다! 후루카와 명물

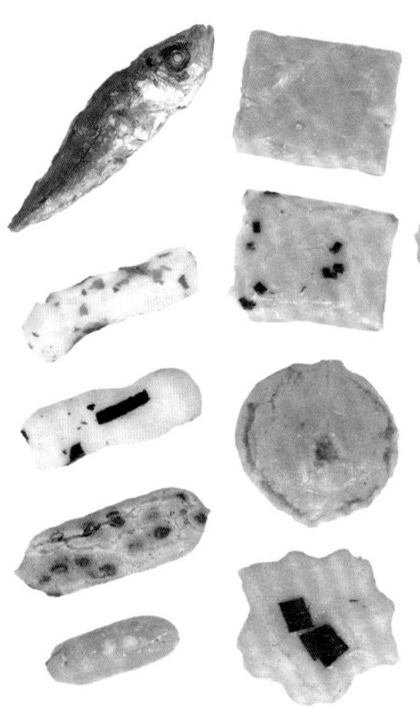

'엄마도 좋아한다! 파파고노미'라는 캐치프레이즈로 알려진 후루카와의 명물 파파고노미. 기름을 사용하지 않고 구워낸 여러 종류의 아라레와 전갱이, 땅콩을 섞은 인기 있는 안주 스타일의 아라레다. 1960년 출시했으며, 이토록 독특한 상품명은 창업자가 지었다. 1965년에는 텔레비전 광고도 제작했는데, 오리지널 송 〈파파고노미의 노래〉가 호평을 얻었다.

계량 판매로 시작 엄마가 고르는 아빠의 안주

1950년대 초중반~1960년대 중반

무게를 달아 팔던 당시, 엄마가 아빠의 기호에 맞춰 봉투 하나에 골라 담던 것을 힌트로 '파파고노미'가 탄생했다.

선물용 상자 포장과 패밀리 팩도!

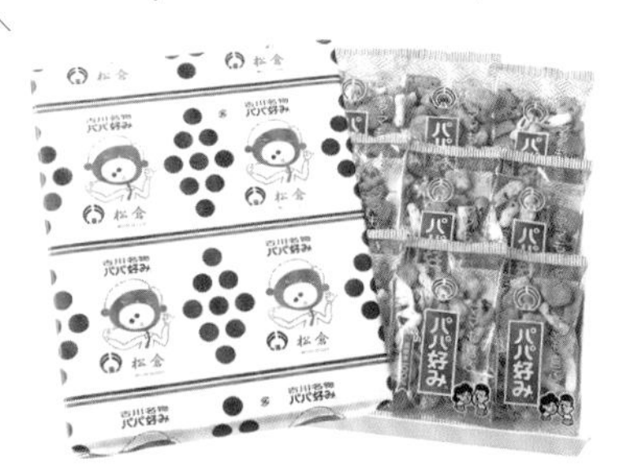

현지에서는 안주, 다과는 물론 선물용으로도 대표적인 상품이다. 아빠가 콩을 던져 입에 넣는 일러스트의 레트로한 선물용 포장지(위)도 출시 초기 그대로다.

바다와 산과 강에 둘러싸인 마을
니가타현 가시와자키에서 탄생한 쌀과자

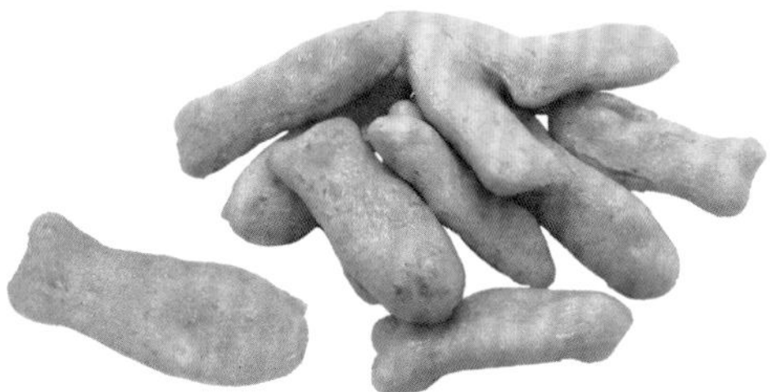

처음에 맛을 내는 데 잔고기 분말을 사용했고, 도미 같은 생선이 가시와자키의 명물이었던 데서 유래하여 생선과 비슷한 모양이 되었다.

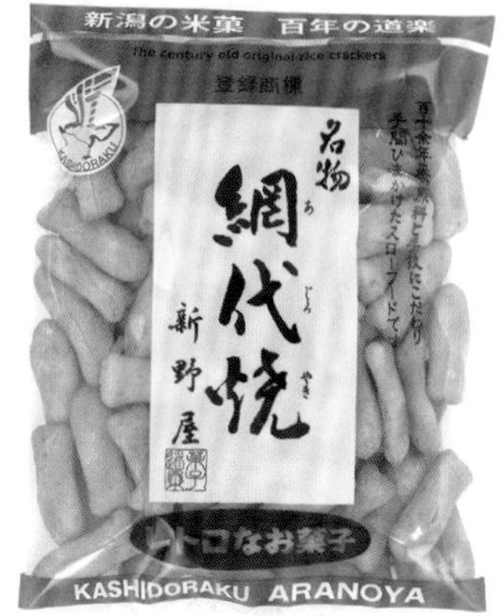

생선 모양을 만드는 금형

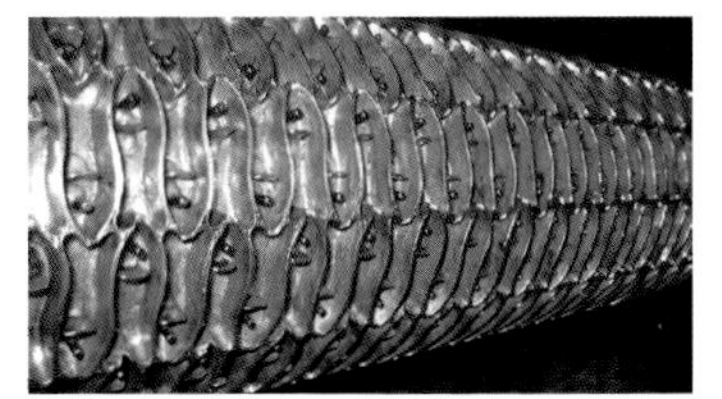

압력솥에 쪄서 반죽한 쌀을 떡메로 쳐 경단 모양으로 만든다. 그다음 이 금형으로 생선 모양을 찍어낸다.

일본산 찹쌀에 새우 분말을 넣고 간장으로 마무리한 잔고기 모양의 센베이. 1894년 화과자 가게로 문을 연 아라노야에서 1907년 판매를 시작했다. '아지로야키'라는 이름은 민물고기를 잡는 도구인 '아지로'라는 대나무 어살에서 따왔다. 신선한 물고기만 먹는 것으로 알려진 새 물수리가 아라노야의 로고 마크다.

화과자 제조에서 쌀과자 제조에 도전한 초대 점주의 뜻

초대 점주인 아라노가 창업 당시 평소 먹기 힘들고 비싼 화과자 대신 저렴하고 맛있는 과자 제조를 지향하며 고안했다. 그가 개발한 구로요칸(검은 양갱)도 지금까지 이어지며, 아라노야가 자랑하는 2대 상품이 되었다.

다이쇼시대의 공장 내부와 가게 앞

자연의 풍요로움을 누리며 자란 동물복지 달걀 사용

게이란센베이 鶏卵せんべい

후카가와양계

한 봉지에 센베이가 3개. 하나하나 심벌마크 소인焼印이 들어간다.

동물복지 달걀과 벌꿀을 사용한 부드러운 카스텔라 풍미의 센베이로, 질리지 않는 소박한 맛. 후카가와양계 노동협동조합이 1953년부터 제조하기 시작했다. 상자나 포장지 디자인도 레트로하고 귀엽다. 야마구치현 내를 중심으로 슈퍼마켓이나 미치노에키(도로에 설치된 휴게시설로 도로 이용자의 쉼터, 지역의 구심점 역할을 함), 료칸 등에서 판매되며 현지에서는 물론, 선물로도 인기다.

봉지에 디자인된 닭에는 '나가토ながと' '게이란けいらん'이라는 글자가 숨어 있다.

제조 과정에서 부서진 와레센베이도!

게이란와레센베이
鶏卵われせんべい

양계조합만의 동물복지 달걀을 사용한 풍부한 맛

1953년경

제조를 시작했던 초창기 사진을 보면, 손수 굽는 모습을 확인할 수 있다. 예스러운 카스텔라 풍미의 '게이란센베이'에, 지금은 현지 유야완만에서 생산한 소금 '하쿠세이노시오'를 섞은 '게이란시오(소금)센베이'도 등장했다.

100년 이상 사랑받는 변함없는 제조법과 전통의 맛

럭키체리마메 ラッキーチェリー豆 나가사키

후지타체리마메소혼포

퇴기기 전에 운젠산 봉우리에서 솟은 지하수에 담가 미네랄을 담뿍 머금은 누에콩은 씹을 때마다 풍부한 풍미가 퍼진다.

럭키체리마메

이쪽도 롱셀러

우니마메
うに豆

튀긴 누에콩에 생우니(성게알)를 넣고 비법 배합으로 만든 반죽옷을 입혔다. 바삭바삭해서 맥주 등의 안주로 안성맞춤이다.

질 좋은 누에콩을 식물성기름에 바짝 튀겨, 설탕·생강·물엿·지하수를 서서히 섞어 만든 사탕에 버무린 콩과자. 운젠후겐다케의 산기슭, 아리아케해와 접한 시마바라에서 100년이 넘는 오랜 세월 동안 사랑받아온 소박한 콩과자. 시마바라산 생강의 풍미와 산뜻한 단맛이 특징이며, 나가사키현 특산품으로도 유명하다.

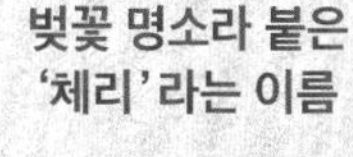

1950년대 중반~1970년대 중반

당시 사각 캔 용기에는 벚꽃이나 관광 명소 등이 그려져 있었다. 창업자가 살던 사가현 가시마시는 벚꽃 명소였는데, 현지 중학교의 영어 교사로부터 '벚꽃의 영어(cherry blossom)에서 딴 체리마메는 어떨까'라는 조언을 듣고 이름 붙였다.

마카롱에서 힌트를 얻어 탄생한, 다이쇼시대부터 이어진 맛

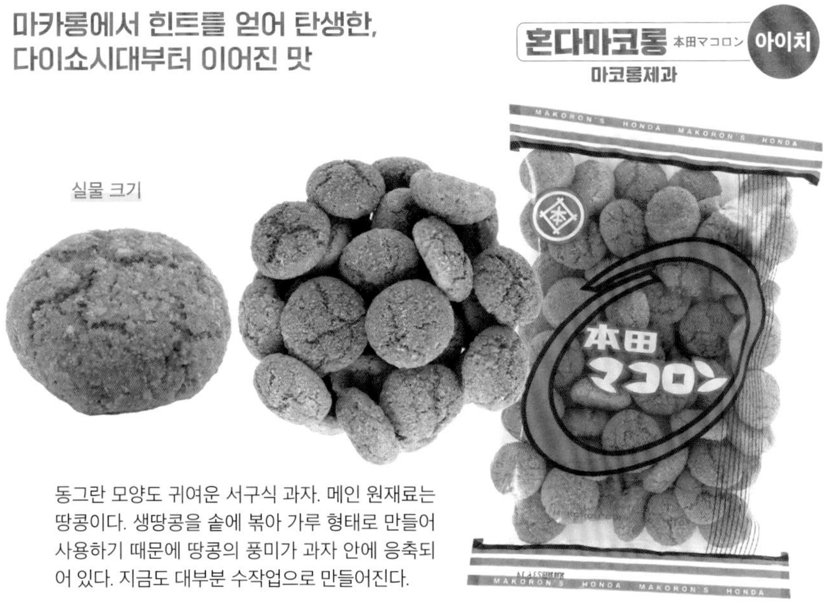

동그란 모양도 귀여운 서구식 과자. 메인 원재료는 땅콩이다. 생땅콩을 솥에 볶아 가루 형태로 만들어 사용하기 때문에 땅콩의 풍미가 과자 안에 응축되어 있다. 지금도 대부분 수작업으로 만들어진다.

사장이 직접 반죽하고, 거의 수작업으로 만드는 마코롱

거품 낸 달걀에 땅콩, 빵가루, 설탕 등을 넣어 반죽한다. 자른 반죽을 틀에 넣고 다이쇼시대부터 사용해온 가마에서 구워낸다. 하루에 약 600kg의 마코롱이 탄생!

쿠키 같은 서구식 구움과자 혼다마코롱. 입안에서 살살 녹으면서 땅콩의 고소한 풍미가 가득 퍼진다. 문을 연 1924년 탄생. 지금도 당시부터 사용해온 가마로 구워내며 맛과 모양, 제조법을 바꾸지 않은 채 초기의 맛을 지키고 있다. 현 사장의 아버지가 프랑스의 '마카롱'에서 힌트를 얻어 고안했다. 아몬드 대신 땅콩을 넣고, 대굴대굴(일본어로 '코로코로') 굴려 만드는 데서 '마코롱'이라고 이름 붙였다. 최근에는 너무 단 과자를 기피하는 경향이 있어, 표면에 뿌리던 그래뉴당을 잘게 부순 마코롱 가루로 대체해 보다 자연스러운 단맛을 내고 있다. 많이 달지 않은 소박한 맛은 커피나 차에도 잘 어울린다.

역대 디자인으로 돌아보는 혼다마코롱의 역사

봉지나 18리터들이 사각 캔에 붙어 있던 역대 디자인. '영양과자' '자양의 왕좌' '후생대신상 수상' 등의 카피가 역사의 무게를 느끼게 한다.

마코롱 이외에도 다양한 제품을 만들었습니다 !

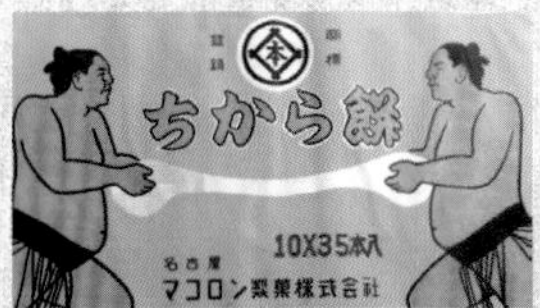

창업 당초에는 '혼다제과소'라는 이름이었으나, 제2차 세계대전 이전에 마코롱이 간판 상품이 되어 가게 이름도 '혼다마코롱혼포'가 되었다. 그사이에도 구움과자뿐만 아니라 다양한 종류의 과자를 만들어왔다.

1933년에 세운 중후한 목조건물 지금도 사용 중인 본사 공장

지은 지 90년 이상 된 본사 공장은 지금도 사용 중이다. 지붕에는 마을의 수호신 야네가미사마를 모시고 있다. 나고야시의 '등록지역건조물자산(세운 지 50년 이상 지난, 경관적·문화적 가치를 지닌 건축물)'이기도 하다.

쉽게 익숙해지는 이름,
이국적인 느낌의 나가사키 과자

간소요리요리 元祖よりより

만준제과

나가사키

요리요리는 중국에서 '마화' '취마화'라고 불리는 밀가루와 설탕이 원료다. 요리요리의 맛은 살리고 먹기 좋은 한 입 크기로 만든 것이 지요리다.

전문가의 손으로 지금도 하나씩 수작업

그날그날 기온과 습도에 맞춰 밀가루 배합을 미세하게 조정하는 등 매일 최고의 맛을 추구한다. 심플한 과자이기 때문에 더욱 전문가의 기술이 산다.

실물 크기

밀가루로 만든 반죽을 하나하나 손으로 꼬아 기름에 튀긴 심플한 과자 간소요리요리. 고소한 맛에 단단한 식감이지만, 씹을수록 특유의 순한 단맛이 퍼진다. 예로부터 대중국 무역으로 번성했으며, 쇄국정책 때도 일본에서 유일하게 개방되었던 국제무역 도시 나가사키에서 1884년 문을 연 만준제과. 전후에는 '긴센핀(옛날 금화를 흉내 낸 과자)'이나 '월병'이 주력상품이었으나, 1955~1965년경, 3대 사장이 '마화'라는 상품을 '요리요리'로 명명했다. 막과자 정도의 위치였던 상품은, 이윽고 나가사키의 명과로서 평판을 얻게 되었다. 요리요리처럼 이국의 정서가 물씬 풍기는 과자들은 나가사키다운 선물로도 인기를 누리고 있다.

나가사키 땅에서 140년의 역사를 자랑하는 만준제과 히스토리

무역상으로 문을 연 '만준고'가 취급하던 설탕으로 과자 사업을 시작한 것이 만준제과의 기원이다.

1965년경~2008년경

1960년대 초중반

長崎はその昔より諸外国の出船入船華々しく緑深い中に古めかしい色とりどりの洋館がありし日のロマンスを秘めており[illegible]数多き寺等には文明開化の繁栄をきわめた当時の[illegible]せ、今も尚年中行事や菓子料理の中にその特異性を[illegible]ります。中華菓子は古えより永続せる唐人により代々[illegible]しものにして観光長崎を色ど[illegible]の皆様に長崎独特[illegible]古雅にして滋養に富む[illegible]い申し上げます。

金銭餅

金銭餅は宋朝時代南宋人により[illegible]として盛られたる銘菓にして長崎には数百年前渡来の唐人により代々伝わり中国銘菓の代表として名声を保ち観光長崎のおみやげに又は高級中華料理の前菜としても珍重せられております。

特上のメリケン粉、ラード、白砂糖、胡麻外数種を主原料として古来よりの伝統そのままに製したるものにして其の独特な風味を広く愛せられております。金銭餅は第十四回全国菓子博覧会にて受賞しております。

脆麻花

長崎にては、よりよりの愛称[illegible]昔から親しまれております。[illegible]砂糖等を用い[illegible]中国風に揚げたるものにして[illegible]味を賞せられております。

水晶餅

メリケン粉、ラード、砂糖、胡麻を主原料として[illegible]純白砂、文旦、落花生等を練り合せたる餡が入[illegible]餡は独特の製法にして夏期にても四十日位は絶対に[illegible]の変質等ありませんので安心して召上られます。

崇福寺

崇福寺は黄檗宗[illegible]の三門をお[illegible]観光長崎の名所国宝崇福寺とともにその名声を[illegible]ております。

中華餅

糯米を[illegible]蜂蜜を主に練り合せ[illegible]中国風な種々の召上り方があります。中華餅は毎年十月より四月迄と[illegible]期間を定めております。

双喜

双喜は中国では結婚式は出産等の喜びの[illegible]って中の餡は非常に美味でラードが入[illegible]大衆に珍重がられています。

中華菓子
金銭餅本舗
萬順
電話㉓三三〇七

1965년경

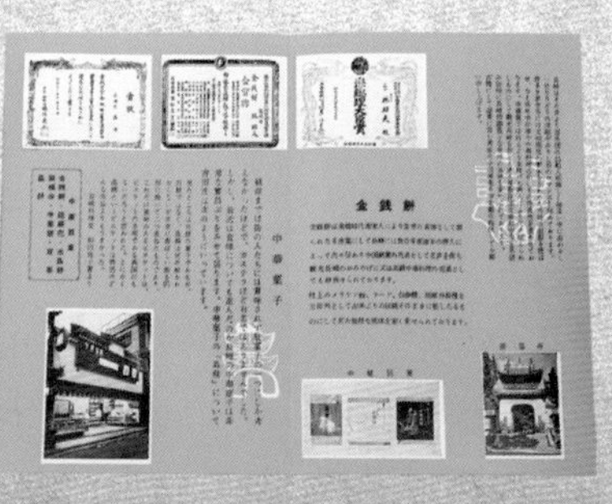

(위·왼쪽)당시 팸플릿에는 운을 가져다주는 과자 긴센핀金銭餅이 간판 상품으로 취급되고 있다. 이 무렵에는 아직 '요리요리'라는 글자가 보이진 않지만, 소박한 맛과 외우기 쉬운 이름 덕에 긴센핀을 뒷받침하던 마화가 주역이 되어갔다.

호쿠리쿠의 겨울날 운치를 표현
달콤 짭짤한 다시마 과자

유키가와라 雪がわら **후쿠이**
가메야제과

원료는 다시마와 설탕, 밀가루, 전분이며, 다시마는 홋카이도 구시로산이다. 그중에서도 너무 두껍지 않은 곤부모리산 2등급 다시마를 사용하고 있다.

짚으로 엮은 고자보시(머리부터 뒤집어 쓰는 방한복)나 짚신 일러스트가 그려진 출시 초기의 포장. 약 10년 전에 재출시했다.

시행착오를 거치는 과정에서 다른 맛을 만들거나 대량생산을 한 시기도 있었으나, 지금은 원점으로 돌아갔다. 당시와 똑같은 제조법으로 손수 만들며, 'ㅇㅇ맛'처럼 다른 버전도 없다.

출시 당시의 디자인 복원

실물 크기

눈 쌓인 기와(가와라)를 닮은 모습. 질 좋은 다시마를 와삭하게 구운 다음 설탕을 묻혀 입에 넣으면, 처음엔 달콤하고 씹을수록 다시마의 풍미가 입안 가득 퍼진다. 1960년 출시한 이래, 너무 달다거나 짜다는 말도 많았으나 '딱히 신경 쓰지 않고 변함없는 제조법과 맛을 지켜온' 결과, 60년이 넘는 롱셀러로 자리 잡았다. 에치젠·후쿠이는 에도 시대부터 해운이 번성한 곳으로, 홋카이도에서 대량으로 운반되어온 다시마를 주부나 간사이 지역으로 날라온 역사를 지니고 있다. 양질의 다시마가 모여드는 토지의 특성을 활용하면서 호쿠리쿠의 겨울날 운치를 표현한 후쿠이만의 명산품이다. 국물 요리에 넣어도 다시마에서 다시가 나와 맛있다.

아버지가 남긴 유리병에 원점 회귀의 마음을 담아

1954년 창업. 현 대표의 아버지인 창업자가 만든 '유키가와라'가 담긴 유리병(오른쪽)은 지금도 소중하게 보관되어 있다.

1956년

현재

(왼쪽)창업자가 왼손으로 짚고 있는 드럼은 다시마에 설탕을 묻히는 도구로, 지금도 같은 것(위)을 사용하고 있다.

소노시트
(얇고 부드러우며 비교적 작은 레코드판)도 나왔던 CM송!

1950년대 중반~1960년대 중반

(오른쪽)아스와가와강 불꽃 축제에서 선보인 불꽃. (위)1950년대 중반에서 1960년대 중반 방송되었던 텔레비전 광고.

'♪여보세요 가메야의 유키가와라' '세상에 너만큼 이렇게 맛있는 건 없어' '거북이 마크 가메야의 유키가와라' 등 동요 〈토끼와 거북이〉를 따라 한 가사도 귀에 남아 쉽게 외워진다. 노래는 원조 CM송의 여왕이라고도 불리는 구스노키 도시에.

유키가와라 제조 공정은 원료인 다시마 체크부터

햇볕에 말린 다시마를 식초로 부드럽게 만든 후, 정해진 크기로 작게 커팅한다. 가스 불로 와삭와삭하게 구워내 '설탕물을 뿌려 건조'하는 공정을 13회 정도 반복한 다음, 만 하루 동안 말리면 완성.

겨울철 한정 미즈요칸(묽은 양갱)
에치젠·후쿠이의 겨울을 상징

먹기 좋도록 칼집이 들어가 있고, 떠먹기 쉽게 나무 스푼이 동봉되어 있다. 지방 배송도 하는데, 현지에서는 종이 용기에 바로 넣어 굳혀서 판매하고, 선물용으로 진공포장된 제품도 있다.

심플한 디자인의 겉 상자(왼쪽)를 열면, 안에서 건조 방지용 투명 시트에 인쇄된 눈의 요정과 눈사람이 나타난다. 설국의 겨울을 연상시키는 참으로 정취 있는 일러스트.

약 17cm x 23cm의 종이 용기에 직접 넣어 굳힌, 열네 조각의 미즈요칸. 양갱으로서는 특대 사이즈지만, 목 넘김이 깔끔한 맛으로 한번 먹으면 멈출 수 없다.

에치젠·후쿠이 지역의 겨울을 상징하기도 하는 미즈요칸. 후쿠이에서는 다이쇼시대 무렵부터 겨울이면 고타쓰(낮은 탁자 아래 난로가 있고, 그 위에 이불 등을 덮은 난방 기구)에 들어가 차가운 미즈요칸을 먹는 습관이 정착했다. 에가와의 미즈요칸은 탱글하고 매끄러운 식감으로, 부드럽고 촉촉한 것이 특징이다.

1937년 문을 연 에가와는 1950년부터 미즈요칸 전문점으로서 제조·판매를 시작했다. 한천, 고운팥앙금, 물, 오키나와산 흑설탕 등을 커다란 솥에 끓이다가 뜨거운 상태에서 손수 저어가며 식힌다. 끈기 있게 저어줌으로써 풍미 가득하고 질리지 않는 특유의 맛과 식감이 완성된다. 제조·판매는 11~3월 한정으로, 그야말로 겨울의 간식이다.

나무 상자 시대를 거쳐 트레이드마크인 붉은 상자로 !

미즈요칸은 첨가물이 들어가지 않고 당분이 적어 상하기 쉽다. 초창기에는 후쿠이만의 겨울 간식이었으나, 지금은 전국에서 맛볼 수 있다.

~1955년경

1958년~

1955년경까지는 옻칠한 나무 상자에 넣어 굳혔다. 1958년, 다루기 쉽고 위생적인 종이 용기로 변경하여 용기에 미즈요칸을 넣어 굳히기 시작했고, '붉은 상자'(위)도 탄생했다.

1990년~

1991년~

팥 알갱이가 들어간 제품도 등장!

1996년~

2003년~

1989년 헤이세이시대에 들어선 이후 배송용 팩 포장이 등장했다(왼쪽 위). 또 홋카이도산 팥인 다이나곤을 흩뿌린 뒤 미즈요칸을 담아 굳힌 상품도 출시되었다(위·미즈요칸을 넣기 전). 그 후, 편의점용이나 한 번에 먹을 수 있는 1인분 크기(왼쪽)도 만들어 지역 한정으로 판매하고 있다.

추억의 텔레비전 광고

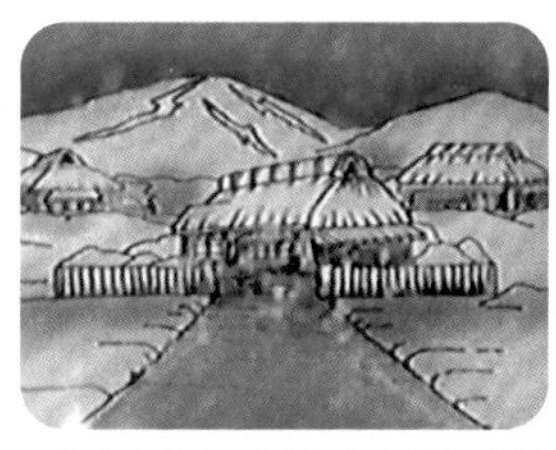

현지 텔레비전이나 라디오에서 광고도 방송되었다. '♪산뜻한 맛도 그리워 고향에 전해 내려온 에가와의 미즈요칸…'이라는 CM송도.

차로 유명한 시즈오카산 녹차가 들어간 귀여운 양갱

바닥을 밀어올리면 쑥 올라오는 모습도 재미있다. 자그맣고 너무 달지 않아서 모르는 사이에 잔뜩 먹어버리는 사람도 많다나.

실물 크기

'교쿠로차요칸'이라는 명칭으로 출시했다가 2002년에 지금의 오차요칸으로 바뀌었다. 포장은 그 당시 그대로다. 산뜻한 차의 초록색을 베이스로 다호茶壺가 그려진 레트로한 디자인도 인기.

이쪽도 인기!

실물 크기

규스모나카
急須モナカ

이것도 아기자기한 크기가 특징이다. 실제 찻주전자(규스)를 참고해 지점토로 틀을 만들어 시행착오 끝에 겨우 완성한, 가게가 자랑하는 찻주전자 모양. 오구라앙금(꿀에 절인 앙금), 차앙금, 가와네 소금(데보앙금)의 세 종류.

두세 입이면 다 먹는 귀여운 크기가 인상적인 오차요칸. 단맛이 적고, 차의 진한 풍미에 적당한 쌉쌀함과 떫은맛이 특징이다. 시즈오카현 시마다시 가와네에서는 차를 넣어 양갱을 만든 역사가 오래되었는데, 메이지시대부터 시작된 것으로 추정된다.

미우라제과에서는 1950년경부터 주사위 모양의 오차요칸을 판매했고, 1980년에 원통 모양의 특징적인 용기를 고안했다. 주사위 모양으로 잘라서 포장하지 않고 원통형 용기에 직접 양갱을 흘려 넣어 모양을 굳힌 뒤, 뚜껑을 덮음으로써 오래 보존할 수 있도록 했다. 먹기 좋은 방법도 궁리하여, 밑에서 밀어올리는 방식으로 손에 묻히지 않고 간편하게 먹을 수 있게 되었다.

화양과자뿐만이 아니다 빵을 만들어 판매하던 시절도 있었다

창업 당시에는 사탕 행상이나 축제 등에 출점을 하던 막과자 가게에 가까운 과자점이었다. 그 후, 각종 화양과자(화과자와 양과자를 절충한 과자)나 빵의 제조·판매를 거쳐 지금에 이르렀다.

1961년

1975년

(왼쪽·위)미우라제과 본점의 옛날 점포. (오른쪽)주사위 모양은 약 60g이었으나, 원통형으로 개량할 때 절반인 30g이 되었다.

탄생 당시의 주사위 모양!

1970년의 포장

1981년

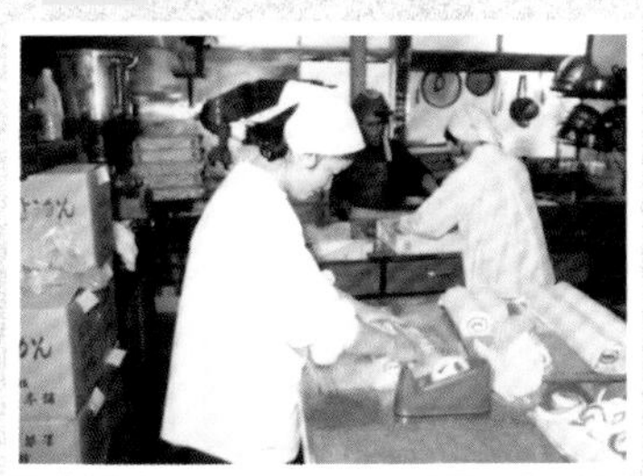

1983년

1983년

'즐겁고 친절한 시골 마을'을 테마로 찻주전자 모양과 함께 선보이다!

1984년경

규스모나카는, 한 사이즈 큰 찻주전자 모양인 '미야마노오모테나시'(현재도 인기 상품)를 작게 만든 것으로 당초에는 정자후子 모양, 찻잔 모양(위·판매 종료) 등의 세트도 나왔다.

1984년

한 꼬치에 경단 3개
'산 태우기'에서 유래한 명과

야마야키단고 山焼きだんご

야마구치

기렌제과

1972년

'야마야키단고'는 1972년 출시됐다. (위)출시 초기의 상품. 대나무 껍질 포장과 상자는 지금도 마찬가지로, 소박한 경단의 이미지에 제격이다.

몰랑몰랑한 떡에 고소한 콩고물을 묻힌 소박한 맛의 경단. 야마구치현 아키요시다이 국정공원에서는, 매해 초봄이면 약 600년 전부터 이어져 내려온 전통 행사인 '산 태우기(야마야키)'가 행해진다. 과거에는 산 태우기 날에 농가에서 도시락으로 경단을 싸와 하나를 남겨 산신에게 바쳤다고 한다. 기렌제과의 야마야키단고는 이 '산 태우기'에서 유래한 명과다.

손수 만든 야마야키단고를 찻집에서도 제공했던 쇼와시대

1960년대 중반~1970년대 중반

1940년대 중반부터 점포와 찻집을 겸해 영업하던 기렌제과. 야마야키단고는 출시 초기부터 찻집에서도 제공했다. 아쉽게도 현재 이 점포 겸 찻집은 존재하지 않지만, 상품은 야마구치현 내에서 널리 판매되고 있다.

마치 보석 같다!
고급스러운 단맛과 쓴맛이 일품

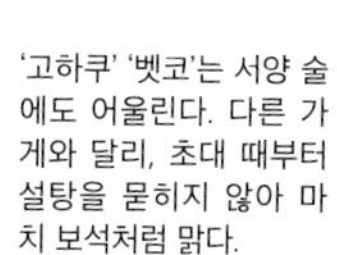

'고하쿠' '벳코'는 서양 술에도 어울린다. 다른 가게와 달리, 초대 때부터 설탕을 묻히지 않아 마치 보석처럼 맑다.

자본즈케 ざぼん漬 **오이타**

산미자본텐

고하쿠
琥珀

벳코
べっこう

단단한 젤리 같은 식감으로, 단맛과 감귤계 특유의 쓴맛이 특징인 산미자본텐의 자본즈케. 자본은 포멜로나 본탄이라고도 불리는 감귤류 과일이다. 그 껍질을 불에 그을려 떫은맛을 뺀 후 설탕과 물엿, 정수로 삶아 굳혀 시라유키(흰 눈) 고하쿠(호박) 벳코(거북 등껍질) 세 종류를 만들고 있다. 상품별로 다르게 조합한 꿀과 심혈을 기울인 커팅으로, 각각의 맛에 특징이 있다.

창업 당시와 같은 자리에서 초대 아버지의 맛을 계승하다

1945년경

1945년 창업. 현재는 2대 점주(사진 중앙의 소년)가 선대의 맛을 지키며 손수 정성스레 만들고 있다. 포장 디자인도 출시 초기부터 그대로다.

비교하며 먹는 세 가지 맛

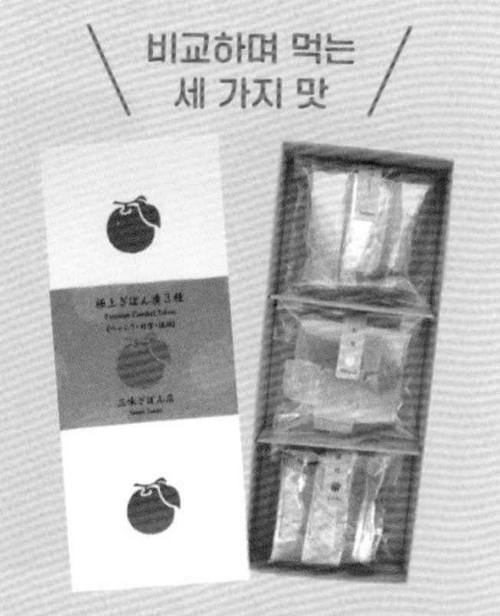

시라유키가 대표적인 맛이다. 약 50년 전에 등장한 고하쿠는 농후한 맛에 풍미가 풍부하다. 20년 전 등장한 벳코는 깔끔한 단맛.

1900년에 탄생! 일본에서 가장 오래된 지역 사이다

오랜 롱셀러에 반가운 재출시도! 지역 사이다

기후

요로사이다

요로사이다 養老サイダー

요로사이다복각합동회사

1900년, 기후현 요로초에서 제조를 시작한 일본 최초의 사이다 요로사이다. 오랜 세월 지역민들에게 사랑받아왔으나, 2000년에 아쉬움을 뒤로하고 제조를 중단했다. 그 후, 부활을 바라는 수많은 목소리에 답하며 2017년 멋지게 재출시됐다! 전설 속의 맛이 되살아난 것이다. 사실 이처럼 지역에 자리 잡은 지역 사이다는 일본 전국 각지에 존재한다. 레트로하고 개성 있는 라벨, 처음 마셔도 정겨운 맛. 여기서는 그와 같은 '지역 사이다를 소개한다.

오사카

오사카사이다

大阪サイダー

오카와식품공업

1950년대 중반~1960년대 중반, 오카와식품공업에서 잘 팔리던 오사카사이다를 모던하면서도 레트로한 상품으로 부활시켰다. 그 시절의 맛을 지키면서, 레몬 라임과 샴페인 풍미의 향료로 고급스러움을 더했다.

도쿄

도쿄사이다

トーキョーサイダー

마루겐음료공업

제2차 세계대전이 끝난 지 얼마 지나지 않은 1947년, 초토화된 도쿄의 부흥의 상징으로 탄생. 1980년대 후반에 판매가 종료되었으나, 2011년에 당시 레시피를 충실히 재현하여 재출시되었다.

후쿠이

사와야카

さわやか

호쿠리쿠로열보틀링협업조합

단숨에 마실 수 있는 미탄산 사이다 사와야카. 1970년대 후반, 구형 미쓰야사이다 병에 멜론 소다를 주입해 판매했던 것이 시초다. 출시 초기의 추억의 맛이 원웨이 병(회수하여 세척 후 재사용하지 않고 파쇄 후 재활용하는 병)으로 부활!

사가

스완사이다

スワンサイダー

도모마스음료

쇼와시대 사이다 전성기의 맛. 질 좋은 그래뉴당을 공들여 녹여, 옛날과 똑같은 제조법으로 만들었다. 1930년대에 판매했던 스완사이다의 복각판. 2005년부터 판매 중이다.

홋카이도

머스캣사이다

아사히음료

마스캇토사이다 マスカットサイダー

홋카이도 데시오초에서 1974년 탄생한, 일본 최북단의 지역 사이다. 과즙이 들어 있지 않지만, 머스캣을 연상시키는 은은한 향이 난다. 라벨에는 귀여운 강아지 일러스트가 있다.

이와테

머스캣사이다

간다포도원

마스캇토사이다 マスカットサイダー

메이지시대에 문을 연 유서 깊은 포도원에서 1970년에 탄생한, 포도원만의 장점을 살린 머스캣사이다. 은은한 머스캣 향과 시원하게 목을 넘어가는 탄산이 기분 좋다.

아오모리

미시마바나나사이다

하치노헤제빙냉장

미시마바나나사이다 みしまバナナサイダー

1950년대 중반, 바나나가 귀하던 시절에 손쉽게 바나나의 맛을 먹어보게 하고자 만든 사이다. 어렴풋이 바나나 향이 난다. '미시마시트론'(오른쪽)과 같은 '미시마의 용수'를 사용.

아오모리

미시마시트론

하치노헤제빙냉장

미시마시토론 三島シトロン

하치노헤의 이름난 물 '미시마의 용수'를 사용했고, 탄산이 센 편이라 목이 시원한 플레인 사이다. 1922년 출시 이래, 변함없는 맛을 고집하며 상쾌함과 추억을 선사한다.

아키타

니테코사이다

아키타미사토즈쿠리

니테코사이다 ニテコサイダー

1902년에 '니테코시트론'이라는 이름으로 탄생했다. 풍부한 수원에서 얻은 양질의 물로 만든 아키타현 최초의 사이다다. 부드러운 단맛에, 순한 탄산으로 목 넘김도 산뜻하다.

사가

긴센사이다

고마쓰음료

킨센사이다 キンセンサイダー

1952년 문을 연 이래 변함없는 맛의 긴센사이다. 가벼운 느낌의 탄산이라 맛이 깔끔하고 산뜻하다. 왼쪽의 긴센라무네キンセンラムネ는 유리구슬 뚜껑이 달린 추억의 병에 판매.

오사카

미쓰오기사이다

고로부키야청량식품

미쓰오기사이다 三扇サイダー

부채 3개가 그려진 수수한 라벨의 미쓰오기사이다. 1940년대 중반~1950년대 중반에 출시된 사이다의 맛을 재현하며 2000년경에 재출시됐다. 왼쪽 병은 1970년대 이미 출시되었던 예전 병.

새로움과 그리움이 넘치는 종류도 풍부한 여덟 가지 맛!

뉴하이믹스 ニューハイミックス

다카라제과

가나가와

실물 크기

믹스 비스킷은 가족 또는 친구들 모임이나 티타임에도 대활약한다. 가볍게 본격적인 비스킷을 즐길 수 있다. (위)초코크림샌드와 그레이엄비스킷바닐라.

모양도 재미있다!
컬러풀한 날개 포장

귀여운 꽃무늬가 그려진 큰 봉지에 여덟 종류의 개성 넘치는 비스킷이 24개 정도 들어 있다. 날개 포장 디자인도 세련되고 컬러풀하다!

한 봉지로 다양한 맛의 비스킷을 즐길 수 있는 다카라제과의 간판 상품 뉴하이믹스. 1976년 출시 이후, 내용물도 리뉴얼을 거듭해 시대별로 어울리는 과자를 큰 봉지에 가득 담았다. 현재는 종류도 풍부한 여덟 가지 맛으로 한층 다채로워졌다. 여덟 종류 안에는 그레이엄비스킷이나 버터스틱의 미니 사이즈 등 인기 있는 기본 상품도 포함된다. 1946년 다카라노후지빵으로 창업해, 2년 뒤에 비스킷 제조를 시작한 다카라제과. 구움과자 본연의 맛을 고집해온, 자신감 넘치는 맛으로 가득한 믹스 비스킷이다.

빵 제조에서 전향 비스킷 제조 한길로!

종전 직후, 빵 제조로 시작한 다카라제과. 밀이나 설탕의 통제가 풀리자 비스킷 제조로 전향하여, 구움과자 본연의 맛을 추구해왔다.

1946년경

1962년경

1976년경

당초에는 사탕 포장 같은 날개 포장도 많았다. (오른쪽)상품명에 '뉴NEW'가 추가됐다.

1966년경

아이들이 좋아하던 <귀여운 요리사님>이라는 그림 그리기 노래(그림 그리는 법을 가사로 하여 가사에 맞춰 자연스럽게 그림을 완성하는 노래)를 참고로, 오리가 들어간 기업 로고를 고안.

이쪽도 롱셀러

요코하마로만스케치
横浜ロマンスケッチ

요코하마의 차이나타운이나 요코하마 베이브리지, 야마시타 부두 등 요코하마의 명소를 형상화한 여러 정경을 비스킷에 프린트. 그림은 모두 열아홉 종류다.

바삭한 식감의 비스킷에 순한 바닐라크림을 샌드한 인기 과자 요코하마로만스케치. 1993년 출시 이래의 롱셀러로, 본사가 있는 요코하마를 널리 알리기 위해 탄생했다.

초콜릿에 땅콩을
조합한 획기적인 발명!

실물 크기

포장은 변화를 거듭하고 있으나, 지금도 예스러운 분위기가 남아 추억을 느끼게 하는 디자인. 2022년부터는 'SINCE 1961' '쇼난초코공방'이라는 글자가 추가되었다.

듬뿍 들어가 맛도 양도 대만족

1979년

1980년대 중반까지는 트레이 없이 봉지에 바로 피초코를 담았다. '골드'도 있었다.

출시 초기에는 전문가 6~8명이 천 짤주머니로 직접 초콜릿을 한 알씩 짰다. 하나에 약 8g인 피초코를 알루미늄판 한 장에 80알, 하루 20만 알을 만들었다고 한다.

울퉁불퉁한 땅콩이 인상적인 블록 형태의 초콜릿 피초코. 부드러운 초콜릿에 고소한 땅콩이 들어간 대표적인 과자로 1961년 등장했다. 당시 그림의 떡이던 값비싼 초콜릿을 '조금이라도 더 많은 사람이 먹게 하겠다'는 마음에서 다이이치제과가 상품화했다. 시행착오를 거쳐 적당한 가격의 땅콩을 초콜릿에 섞은 획기적인 과자가 탄생했다. 초콜릿만 맛있거나 땅콩만 맛있는 것이 아니라, 초콜릿과 땅콩이 어우러졌을 때 가장 맛있게끔 초콜릿 배합부터 고심해서 만든 제품이 바로 피초코다. 이것이 맛의 비밀이기도 하다.

마시멜로 제조에서 이윽고 초콜릿 공장으로

다이이치제과가 문을 연 것은 1958년. 도쿄도 나카노구에서 마시멜로 제조로 시작했다. 마침내 초콜릿 제조에 도전하게 되었다.

1960년대 중반~1970년대 중반

도쿄 나카노구에 있던 본사 공장과 피초코를 제조하던 풍경. 이미 초콜릿 제조를 시작했을 무렵이다. 'P-CHOCO'가 적힌 배달 트럭 모습도.

직원의 낙서에서 탄생!?

직원이 공장 벽에 그린 낙서를 '피보'라는 캐릭터로 포장 디자인에 채택.

1972년경

피초코 대히트라는 호재에 힘입어, 본사 공장을 지금의 가나가와현 지가사키시로 이전했다. 가운데와 오른쪽 사진은 공장 이전 초창기의 제조 풍경.

역대 피초코와 친구들

1984년대

1988년대

1992년대

1979~1984년 상품 카탈로그에서

초콜릿 제조업체로서 피초코 외에도 다양한 종류의 상품을 만들었다. 뽑기가 들어 있는 초콜릿 등 장난기 있는 아이들을 위한 상품도 있었다.

파스텔컬러도 예쁘다 꽃잎 모양 과자

플로렛 후로렛토 フローレット
다케시타제과
사가

바닐라, 바나나, 오렌지, 딸기, 사이다 등 다섯 가지 맛이 있으며, 원료와 제조 방법은 마시멜로와 거의 같다고 한다.

1990년대

사랑스러운 파스텔컬러의 길다란 과자 플로렛. 와삭와삭 가벼운 식감과, 추억을 떠올리게 하는 소박한 맛이 특징이다. 만드는 데 품이 많이 들어, 현재 대량생산을 하는 곳은 다케시타제과뿐이다. 일부 지역에서는 산소나 불단에 공물로 올리는 과자로 알려져 있다. 외국 과자를 모리나가제과가 일본에 전파한 것으로 추정된다.

메이지시대부터 사랑받아온 유서 깊은 양과자 문화를 계승

메이지시대

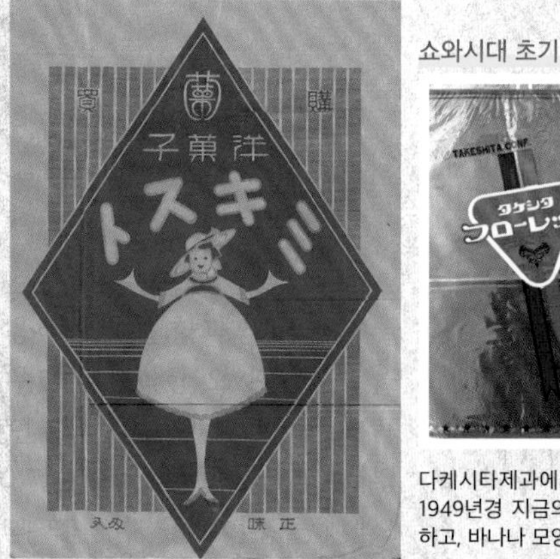

쇼와시대 초기

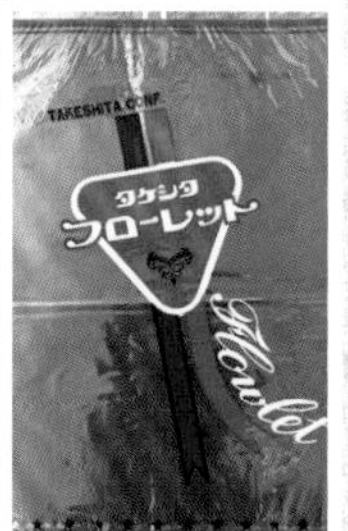

1972년~1973년경

竹下のフロレットは永い間の経験と努力、そして技術と研究に依り精選された砂糖及び馬鈴薯澱粉を主原料として最高の菓子ですから、滋養に富みカロリー高きものとして御子様総めの好評を博しております。

다케시타제과에서는 메이지시대부터 '믹스트'라는 명칭으로 제조했다. 1949년경 지금의 스타일로 바뀌었다. 꽃잎 모양을 모티프로 삼았다고도 하고, 바나나 모양을 흉내 냈다고도 한다.

얼려도 맛있다!
어른에게는 사와도 추천

미나쓰네노 안즈보 ミナツネのあんずボー

미나쓰네

●냉동실에 얼리면 맛있는 살구 아이스 캔디가 만들어집니다.

살구 사와 만드는 법(성인용)

얼린 안즈보 2개를 넣는다
소주
물 또는 탄산수 } 적당량

●달콤새콤 맛있는 안즈보

살구 과육
다량 함유

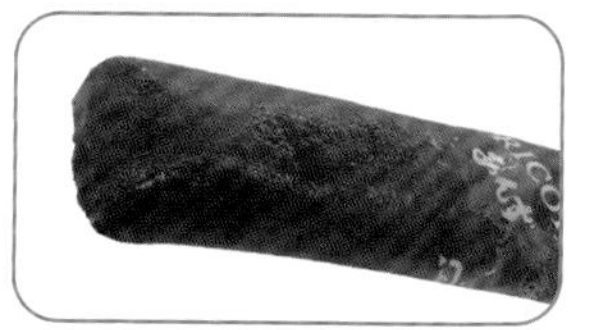

예전에는 상온에 두었다 먹는 것이 보통이었으나, 지금은 얼려 먹는 것이 일반적이다. 서걱서걱한 식감도 기분 좋다.

천일건조시킨 살구(안즈보) 과육이 듬뿍 들어간, 새콤달콤 맛있는 안즈보. 일본 수도권 지역에서는 대표적인 막과자로 친숙하다. 미나쓰네에서 1950년대 중반부터 제조·판매를 시작했다. 초기에는 수작업으로 폴리에틸렌 주머니에 살구 과육과 시럽을 주입해 쇠붙이로 입구를 봉했으나, 1960년대 중반부터 지금과 같은 형태가 되었다.

도쿄의 서민 동네 아사쿠사의 인간미 넘치는 사풍이 엿보인다

1950년대 중반

(왼쪽)아사쿠사 시바사키초(지금의 니시아사쿠사)에서 집단 취직(과거 일본에서 특히 지방의 중고등학교 졸업생들이 도시의 공장이나 점포 등에 집단으로 취직했던 고용 형태)으로 입사한 직원들. (아래)1960년대 중반의 본사 공장 앞.

노랗게 빛나는 살구 일러스트

대용량 용기는 더 이상 종이 상자(위)가 아니지만, 특징적인 디자인은 그대로인 20개들이 플라스틱 포장도 판매.

편의점의 대표 상품이 된 가고시마현 출신 알록달록 아이스크림

시로쿠마 白熊 가고시마
덴몬칸무자키

가게 안에서 먹을 수도 있고, 포장해 갈 수 있는 테이크아웃용 팩도 인기다.

탄생 당시의 '시로쿠마'를 재현

매년 6월에 한정판매되는 나쓰카시로쿠마. 보기에는 심플하지만 안에는 내용물이 가득!

얼음을 갈아 연유를 뿌린 후 귤, 파인애플 등 과일과 팥을 토핑한, 가고시마현 출신 시로쿠마. 1947년, 덴몬칸무자키 창업주가 고안하여 탄생했다. 맛과 토핑을 거듭해서 개량한 결과, 지금의 시로쿠마 베이스가 완성되었다. 듬뿍 올라간 우유와 꿀은 직접 만든 비법의 맛. 레시피는 덴몬칸무자키 안에서도 몇 사람밖에 모른다.

1950년대 중반~1960년대 중반

'얼음과자의 요코즈나' 카피로 원조 '시로쿠마'를 어필

제2차 세계대전 직후 고안된 '시로쿠마'는 1949년 판매를 시작했다. 1950년대 중반~1960년대 중반 당시의 선전차(위)에는 '전국 명물 얼음과자의 요코즈나(스모에서 씨름의 천하장사 격인 자리)'라는 카피가 보인다. (오른쪽)당시 가게 앞 풍경.

오리 마크로 친숙한 와카야마 출신 초록 소프트아이스크림

그린소프트 그린소후토 グリーンソフト

와카야마

교쿠린엔

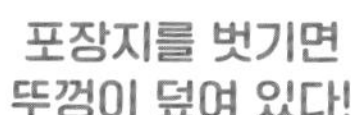

비닐 포장을 열면, 안에도 사랑스러운 오리가 디자인된 종이 포장지가. 거기에 아이스크림 부분에는 뚜껑이 씌워져 있다.

찻잎을 맷돌로 갈아 입자를 잘게 함으로써 쓴맛이 적고 부드럽게 완성된 그린소프트. 이름이 똑같은 아이스크림이 각지에 있는데, 에도시대에 문을 연 노포 찻집 교쿠린엔이 1958년 출시한 것이 일본 최초다. 가게에서는 소프트아이스크림 타입으로도 제공한다. 와카야마현 주민들에게는 '야와라카이노(부드러운 것)' '가타이노(단단한 것)'라는 통칭으로 사랑받고 있다.

하얀 소프트크림조차 드물었던 시절에 첫 등장 !

1964년

(위)가벼운 메뉴도 제공하던 쇼와시대의 '그린 코너'. 당시에는 본점 안에 자리했다가 가벼운 식사와 음료 판매까지 확대되었다. (왼쪽)지금과 달리, 짜서 굳힌 듯한 모양의 옛날 그린소프트.

이쪽도 인기 있는 호지차 버전

호지차의 맛도 제대로 느껴진다. 찻집이라 낼 수 있는 풍부한 풍미, 고소하고 산뜻한 단맛으로 인기다.

제2차 세계대전 직후 미나미에서 탄생한 인간미 넘치는 막대아이스크림

아이스캔디 アイスキャンデー **오사카**
훗쿄쿠

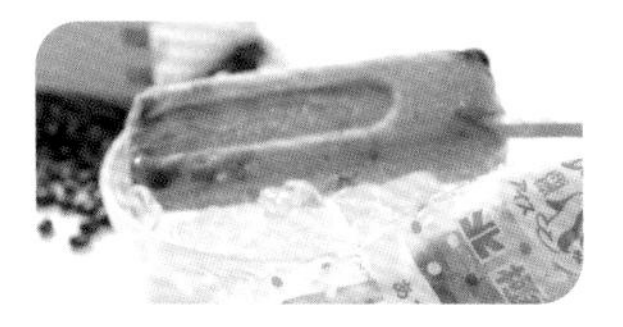

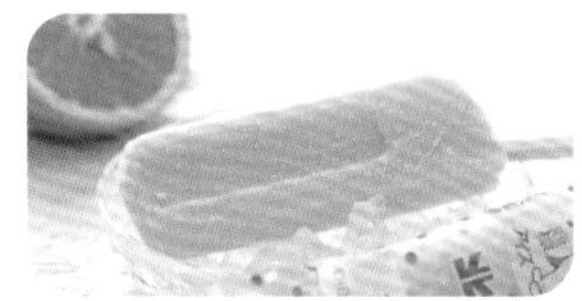

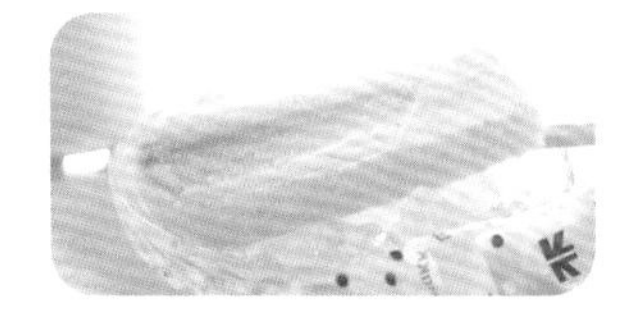

오사카 미나미의 한복판인 에비스바시스지 상점가에 자리한 훗쿄쿠(북극). 가장 인기가 많은 '밀크'를 비롯해, 100% 홋카이도산을 사용한 '팥' 등 아삭한 식감과 부드러운 맛이 특징이다. 1945년, 초대 점주가 '아이들과 여성들에게만이라도 시원하고 맛있는 막대아이스크림을 만들어주고 싶다'라는 바람으로, 당시 귀했던 설탕을 넣고 저렴하게 판매한 것이 시초다.

추억의 텔레비전 광고

동영상 CF가 아직 드물었던 1953년에 간사이 지역에서 방송되었다. '♪훗쿄쿠의~ 아이스캔디~ 모두 좋아해~'

막대아이스크림뿐만이 아니다 찻집을 겸한 과거의 빌딩

1955년~1998년경

막대아이스크림 전문점이 되기 전의 훗쿄쿠빌딩. 지하에 공장을 갖춘 건물로, 1층과 2층은 찻집으로 영업했다. 당시에는 양과자나 화과자도 제공했다.

1954년부터 변함없는 제조법!
명물 돼지고기만두에 필적하며 큰인기

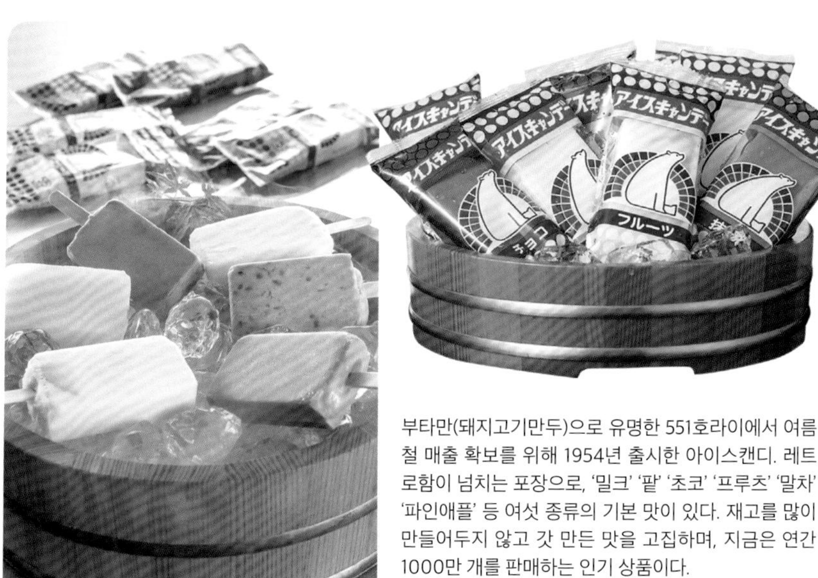

부타만(돼지고기만두)으로 유명한 551호라이에서 여름철 매출 확보를 위해 1954년 출시한 아이스캔디. 레트로함이 넘치는 포장으로, '밀크' '팥' '초코' '프루츠' '말차' '파인애플' 등 여섯 종류의 기본 맛이 있다. 재고를 많이 만들어두지 않고 갓 만든 맛을 고집하며, 지금은 연간 1000만 개를 판매하는 인기 상품이다.

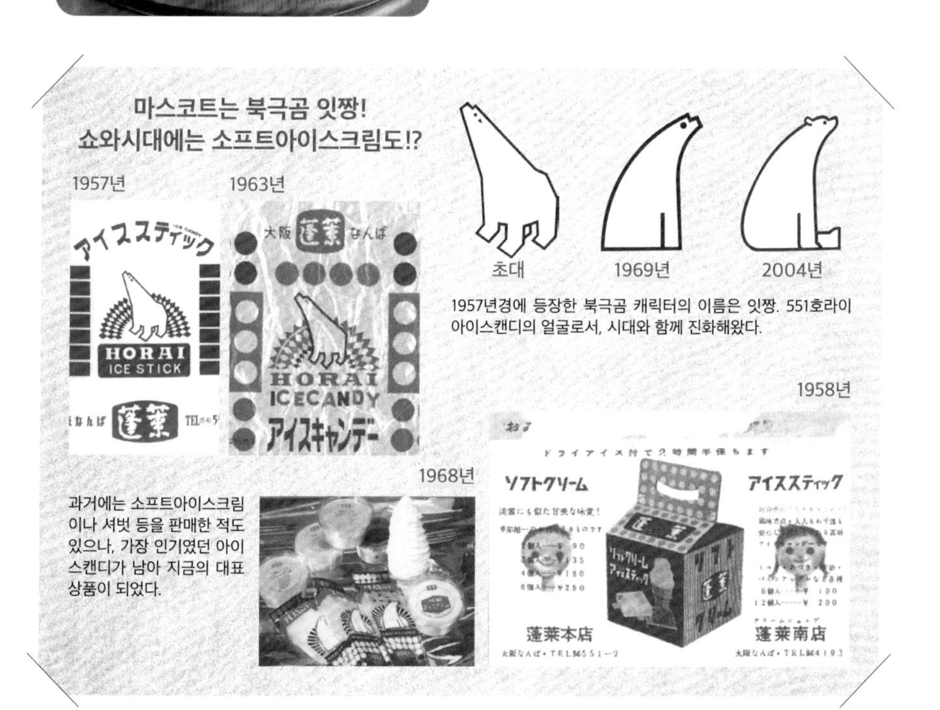

마스코트는 북극곰 잇짱!
쇼와시대에는 소프트아이스크림도!?

1957년

1963년

초대　1969년　2004년

1957년경에 등장한 북극곰 캐릭터의 이름은 잇짱. 551호라이 아이스캔디의 얼굴로서, 시대와 함께 진화해왔다.

1958년

1968년

과거에는 소프트아이스크림이나 셔벗 등을 판매한 적도 있으나, 가장 인기였던 아이스캔디가 남아 지금의 대표 상품이 되었다.

심플한 추억의 맛은 마치 쇼트케이크

파리지앵 パリジャン 아이치
파리지앵

폭신한 스펀지케이크로 생크림을 감싼 심플한 양과자. 한 손에 쥘 수 있을 만한 크기로, 파스텔컬러 스펀지케이크도 귀엽다.

순한 단맛 크림과 촉촉하고 부드러운 스펀지케이크가 절묘하게 어우러지는, 쇼트케이크를 연상시키는 추억의 맛. 아이치현 내에서는 주로 양과자점에서 판매되는 주요 간식이며, 상품명은 가게에 따라 제각각이다. 파리지앵은 그 원조를 만든 가게다. 1975년 개업 때부터 다른 가게는 흉내 낼 수 없는 독자적인 제조법으로 만든 맛을 선사하고 있다.

동네의 세련된 양과자점 진심을 담은 과자를 드셔보세요

1970년대 중반~1980년대 중반

1980년대 초중반 무렵의 점포 풍경. 간판과 외관, 가게 내부 모습까지 세련된 양과자점 분위기가 가득하다. 가니에점은 1982년 오픈.

헤이세이시대에 태어난 롱셀러!

도로케루쇼콜라
토로케루쇼코라 とろけるショコラ

머랭 반죽에 초콜릿을 섞은 프티 케이크. 입안에서 녹는 식감도 즐거운, 진하고 고급스러운 맛.

치즈만주의 원조!
미야자키를 대표하는 명과로

겉은 스콘과 비슷하고, 안에는 크림이 꽉 차 있다. 하나하나 정성 들여 수작업으로 만들며, 많을 때는 하루에 1만 개나 제조된다고 한다.

표면의 바삭한 식감과 향기로운 크림치즈의 풍미가 특징인 치즈만주. 후게쓰도가 양과자 재료를 화과자에 살려보고자 약 3년 동안 시행착오를 거듭한 끝에 1986년에 완성했다. 치즈만주는 출시하자마자 호평을 받으면서, 지금은 미야자키를 대표하는 명과로 약 250개나 되는 점포들이 각자의 맛을 겨루기에 이르렀다.

후게쓰도, 추억의 점포 풍경

1950년대 중반~1980년대 중반

1930년에 과자 도매업체 이토상점(위)으로 문을 연 뒤, 1962년에 후게쓰도를 개업했다. (왼쪽)1975년경의 후게쓰도.

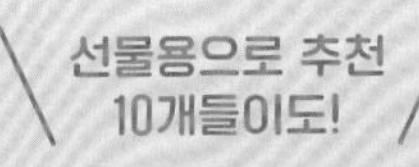

다양한 화양과자를 제조·판매하지만, 간판 상품은 뭐니 뭐니 해도 치즈만주. 10개들이는 선물용으로도 인기다.

우쓰노미야시 주민의 대표 간식 수작업을 고집하는 도넛

앙이리도넛 あん入りドーナツ
도치기
모토하시제과

자금자금한 식감은, 입자가 다른 여러 종류의 설탕을 블렌딩한 것이다. 속은 단맛이 확연히 느껴지는 보드라운 고운팥앙금이다. 우유와 함께 드셔보시길!

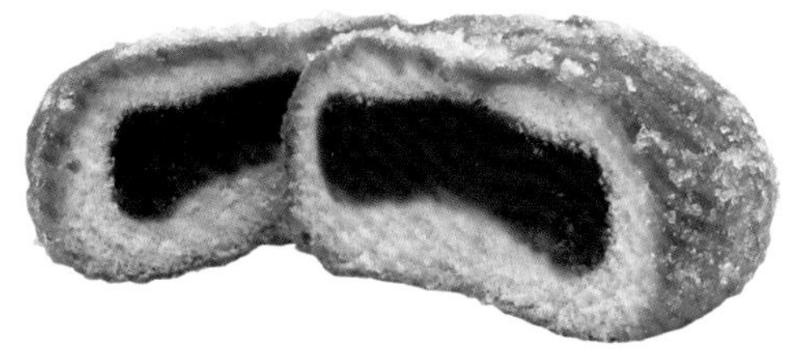

촉촉하고 부드러우며 고소한 도넛 표면에 설탕을 듬뿍 묻혔다. 안에는 매일 아침 삶아 만드는 풍미 가득한 고운팥앙금이 들어 있다. 모토하시제과의 팥 도넛은 약 50년 전부터 똑같은 제조법과 레시피로 만들어지는 우쓰노미야의 대표 간식이다. 하루에 만드는 수량이 정해져 있으며, 재료 준비나 마무리 공정까지 당시와 똑같이 수작업을 고수하며 '그때 그 맛'을 지켜오고 있다.

자사 공장을 우쓰노미야로 이전해 팥 도넛 제조 한길로

1975년경

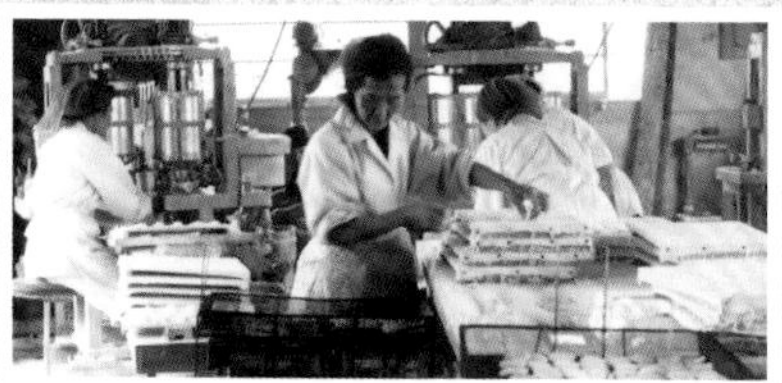

1955년경에 도쿄에서 문을 연 후, 우쓰노미야시로 이전해 앙이리도넛을 개발. 이 당시에는 매일 2000봉지분 반죽을 준비했다고 한다.

검은깨도 등장! 이 또한 인기

앙이리쿠로고마도넛
あん入り黒ごまドーナツ

반죽에 검은깨를 넣어 튀기면 고소한 검은깨 냄새가 난다. 설탕을 묻히지 않아 향이 더욱 돋보이는 담백한 맛.

유바리시 주민이라면 누구나 좋아한다!
시나몬 향이 풍기는 팔 도넛

포장을 열기 전부터 시나몬 향이 날 정도로 향긋하다. 직경 5cm 정도 크기로, 단맛을 그닥 좋아하지 않는 사람도 두세 개는 금방 먹을 수 있다.

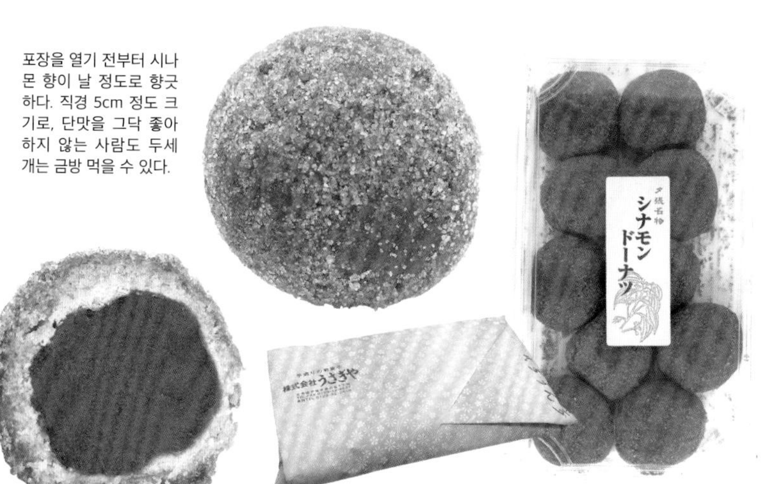

단맛을 줄인 소박한 맛의 시나몬도넛. 표면의 설탕과 시나몬이 자금거리고, 촉촉한 도넛 안에는 팥앙금이 듬뿍 들었다. 처음에는 설탕만 묻혔으나, 표면에 색을 더하고 방부제 역할을 위해 1970년대 중반부터 시나몬을 추가했다. 맛, 모양, 제조법 모두 출시 초기부터 변하지 않았다.

산뜻하고 가벼운 백앙금도 인기

반죽에 연유를 넣은 '백앙금 도넛'은 우사기야 점포에서만 수령 전날까지 예약 판매 한다(5~10월은 시내 일부에서도 판매).

1931년 문을 연 우사기야 역사가 느껴지는 점포의 모습

쇼와시대 초기부터 탄광 마을에 점포를 차리고 각종 과자를 제조·판매한 우사기야. 유바리 명물 시나몬도넛도 점포 앞에서 낱개로 판매했다.

1970년대 중반~1980년대 중반

우사기야 가게 안에 놓인 괘종시계나 옛날 계산대 등에서도 오랜 역사가 느껴진다. 유바리 관광 때 꼭 방문해보시길.

류큐 왕조 시대의 궁정 과자를 흉내 낸 향긋한 흑당 구움과자

단나화쿠루 タンナファクルー 오키나와
마루타마

흑당이 향긋한 과자. '손님을 향한 감사의 마음을 전하고 싶다'며 오키나와의 관습인 '시븐(덤)'을 하나 얹어 한 봉지 11개들이로 판매한다.

1950년대

고쿠사이 거리의 구 점포

'단나화쿠루'는 1887년에 탄생했다. 사진은 미군이 통치하던 시대인 1950년대, 나하시 마키시의 고쿠사이(국제) 거리에 있던 점포.

류큐 왕조 시대의 값비싼 궁정 과자인 군펜(밀가루, 설탕, 달걀 등으로 만든 반죽 안에 참깨나 땅콩 소를 넣어 구운 것) 대용품으로 슈리마와시초에서 탄생한, 빵과 쿠키 중간의 구움과자다. 흑당, 밀가루, 달걀로 만든 소박한 맛으로 오키나와 사람들에게 사랑받고 있다. 이색적인 상품명은 피부가 까무잡잡했던 창업주의 별명에서 유래하는데, 오키나와 방언으로 까무잡잡하다는 뜻의 '구루'와 성姓인 '단나화'를 합친 것이다.

예나 지금이나 전부 사람 손으로

힘이 필요한 반죽부터 품이 드는 틀 찍기 작업까지 모든 공정을 수작업으로 하는 이유는 창업 당시부터 이어져온 맛을 지키기 위한 고집이다.

현지 간식 디자인 갤러리①

역사가 느껴지는 중후한 분위기의 로고, 모던한 분위기를 입힌 세련된 디자인의 장식, 익살맞은 귀여운 캐릭터 등등. 어딘가 레트로하고 소박한 정취가 있는, 독창성 넘치는 디자인을 픽업!

甲州銘菓
栗せんべい

こんぶ飴

しるこ

静岡
お茶羊羹

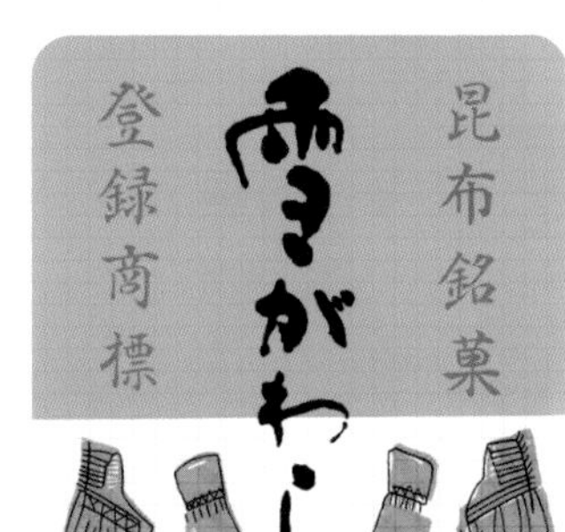
昆布銘菓
雪がわら
登録商標

NEW
ハイミックス
HI-MIX

特製
バター煎餅
渋川製菓

おにぎり

六甲花吹雪

からいも飴

ナニワのソフト
こんぶ飴

シガーフライ

長門の
鶏卵せんべい

ラッキー
チェリー豆

ロングサラダ

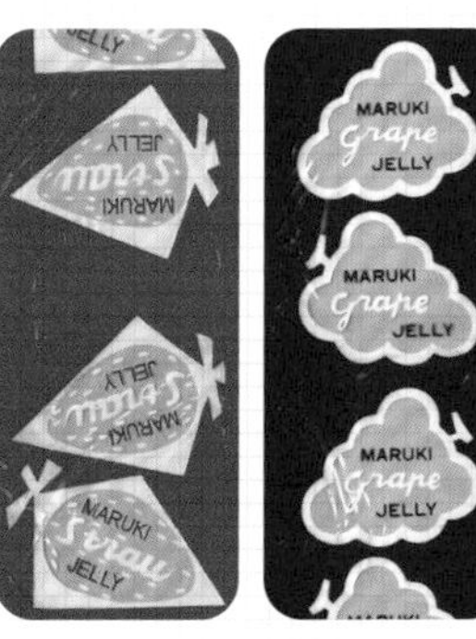

향토 간식 컬렉션 47

과자뿐만 아니라 넓은 의미에서의 '간식'으로, 일본의 47개 지자체에서 맛볼 수 있는 전통적인 '향토 간식'을 하나씩 골라서 소개한다. 남북으로 길고 사계절이 있는 나라, 일본. 그 풍부하고 다양한 식문화의 일부를 접해보자.

홋카이도 베코모치 べこ餅

흰색과 검은색이 반반씩 들어간 나뭇잎 모양과 무늬가 특징적. 단오절에 먹는 떡으로 유명하다.

아오모리 갓파라모치 がっぱら餅

쌀가루나 찬밥에 설탕과 소금, 참깨를 넣고 물로 반죽해 펼친 뒤 양면을 구운 것. 쫄깃쫄깃한 식감이다.

이와테 간즈키 がんづき

밀가루, 설탕, 달걀에 베이킹소다와 식초를 넣고 반죽해 찐 과자. 참깨나 호두가 들어간 쫀득한 식감으로 농사 때 새참이나 평소 간식으로 먹는다. 흑설탕을 사용한 구로간즈키와 백설탕을 사용한 시로간즈키가 있다.

미야기 이치지쿠노칸로니 いちじくの甘露煮

미야기현 미나미 지역에서 재배되는 가공용 품종인 청무화과 '브런스윅'을 물, 설탕, 레몬즙으로 조린 것이다.

아키타 오야키 おやき

찹쌀이나 찹쌀가루로 만든 피에 팥앙금을 넣은 간식. 경사 때 먹고, 가정에서 지금도 만들어 먹는다.

패스트푸드 느낌!?
경단 같은 곤약

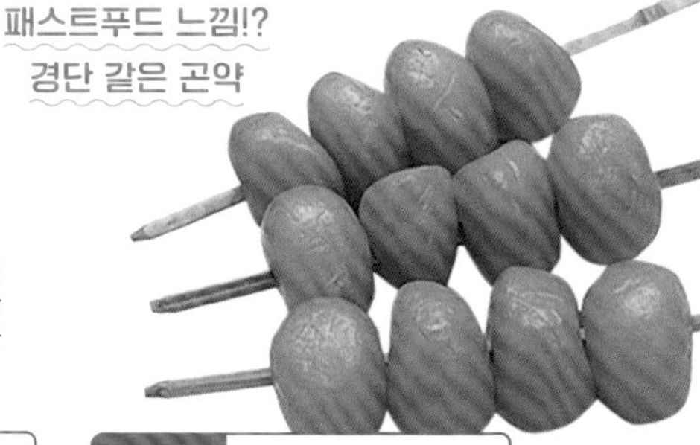

야마가타 다마콘냐쿠 玉こんにゃく

동그란 모양의 곤약을 간장 등으로 조린 것. 축제나 관광지, 꽃놀이, 행사 때 꼬치에 꽂아 판매되며, 겨자를 찍어 먹는 경우가 많다. 연중 먹는 소울푸드로, 현지 슈퍼마켓에는 간을 하기 전인 다마콘냐쿠도 있어, 가정에서도 만들어 먹는다.

후쿠시마 주넨보타모치 じゅうねんぼた餅

후쿠시마현에서 '주넨'이라고 불리는 들깨를 볶은 뒤 갈아서 설탕과 소금으로 맛을 낸다. 그것을 둥글린 찹쌀 반죽에 묻힌 것.

니가타 사사단고 笹団子

살균작용이 있는 조릿대잎으로 경단을 감싼 후, 사초 등의 끈으로 묶은 간식. 센고쿠시대(15세기 말부터 16세기 말에 걸쳐 전란이 빈발한 시대)에는 휴대용 보존식품이었다고도 전해진다.

이바라키 호시이모 干し芋

고구마를 삶아 얇게 썬 뒤, 말려서 건조시킨 간식. 이바라키현은 일본에서 가장 높은 고구마 말랭이 생산량을 자랑한다.

사이타마 젤리프라이 제리후라이 ゼリーフライ

비지와 감자 베이스에 당근, 파 등의 채소를 섞어 튀긴 요리. 소스에 담갔다 빼면 완성된다. 과거에는 고반(에도시대에 유통한 금화의 일종으로 타원형)을 닮은 모양 때문에 '제니(동전)프라이'라고 불리다가 지금의 이름으로 바뀐 것으로 추정된다.

군마 야키만주 焼きまんじゅう

밀 생산이 활발한 군마현의 밀가루를 사용한 대표적인 만주. 꼬치에 꽂아서 달콤한 된장 양념을 발라 구웠다.

몬자의 기원은 막과자 가게 간식이다!

도쿄 몬자야키 もんじゃ焼き

누구나 아는 도쿄 명물 몬자야키. 시초는 에도시대 말기 쓰키시마의 막과자 가게에서 내는 간단한 간식으로 여겨진다. 지금도 도쿄도 내의 막과자 가게 등에서는 종종 어린아이용 간식으로 제공된다.

도치기 야키모치 焼き餅

남은 밥에 밀가루와 된장, 옥수수 등의 재료를 넣고 반죽해 구운 떡. 도치기현 내에서는 찌거나 삶는 지역도 있다.

지바 유데랏카세이 ゆで落花生

밭에서 갓 딴 생땅콩(랏카세이)으로만 만들 수 있다. 일본에서 땅콩 생산량이 가장 많은 지바이기 때문에 가능한 간식.

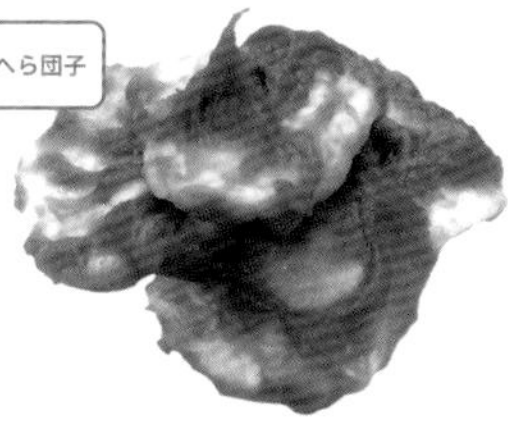

가나가와 헤라헤라단고 へらへら団子

밀가루와 백옥분(찹쌀가루를 물에 불려 말린 뒤 잘게 부순 것)으로 만든 넓적한 경단에 팥앙금을 묻힌 떡. 어업 도구인 헤라(생선 모양의 평평한 판)를 닮았다는 둥, 이름의 유래에는 여러 설이 있다.

이시카와 | 에비스 えびす

한천을 끓여서 녹인 뒤 달걀물과 설탕, 간장을 넣어 굳힌 것. 지역에 따라 '베로베로' '하야베시'라고도 불린다.

야마나시 | 쓰키노시즈쿠 月の雫

야마나시의 대표 포도 품종인 고슈포도 알맹이를 당밀로 코팅한 과자. 에도시대 말기에는 이미 고슈 명과로 여겨졌다.

도야마 | 야키쓰케 焼き付け

찹쌀가루에 어린 쑥잎을 넣고 반죽해 구워낸 떡. 된장과 설탕, 생강즙을 섞은 된장 양념을 올려 먹는다.

아이치 | 오니만주 鬼まんじゅう

전후 식량난 시대, 구하기 쉬운 고구마와 밀가루로 만들어 널리 퍼졌다. 울퉁불퉁한 모양에서 이런 이름(오니는 도깨비를 뜻함)이 되었다.

다양한 속 재료로 즐긴다 가정에서도 만드는 신슈 명물

나가노 | 오야키 おやき

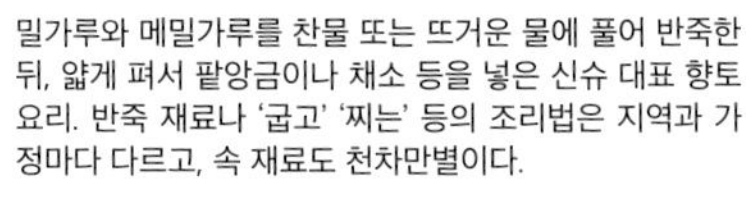

밀가루와 메밀가루를 찬물 또는 뜨거운 물에 풀어 반죽한 뒤, 얇게 펴서 팥앙금이나 채소 등을 넣은 신슈 대표 향토 요리. 반죽 재료나 '굽고' '찌는' 등의 조리법은 지역과 가정마다 다르고, 속 재료도 천차만별이다.

후쿠이 | 도비쓰키단고 とびつき団子

세키한(찹쌀에 팥이나 동부콩을 섞어 만든 밥으로, 주로 경사스러운 날 먹는 음식)에도 쓰이는 '동부'라는 콩을 떡에 굴린 경단. 동부가 떡에 달라붙은(도비쓰키) 것처럼 보여 이런 이름이 붙었다.

기후 | 미소기단고 みそぎ団子

쌀가루 반죽 안에 팥앙금을 넣고 꼬치에 꽂은 뒤, 달콤한 된장 양념을 발라서 구웠다. 병치레 없이 건강하기를 기원하는 미소기 의식에서 이름이 붙었다.

시즈오카 | 아베카와모치 安倍川餅

금방 친 떡에 설탕과 콩고물을 묻힌 시즈오카현 중부 지역의 향토 요리. 시즈오카현에 흐르는 아베강(카와)에서 이름을 따왔다.

시가 고후쿠마메 幸福豆

쌀가루 또는 밀가루에 설탕, 소금을 넣고 물로 풀어준 뒤 볶은 대두를 더해 구운 간식. 농사일 중간의 새참 등으로 자주 먹었다.

효고 아카시야키 明石焼

밀가루에 진코(밀가루의 글루텐을 제거하고 전분을 정제한 가루), 달걀과 다시를 섞은 반죽에 문어를 넣고 구운 아카시시의 향토 요리. 다코야키와 비슷하지만, 소스가 아닌 가다랑어나 다시마 육수에 찍어 먹는다. '다마고야키'라고도 불리며, 점심 식사나 간식으로 먹는다.

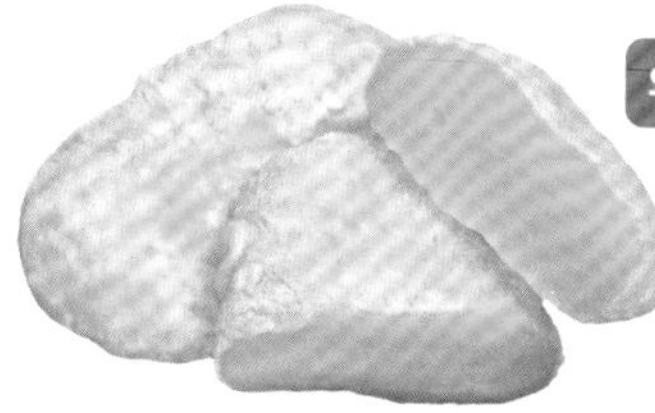

와카야마 미칸모치 みかん餅

일본 굴지의 귤(미칸) 생산지인 와카야마현의 간식. 귤을 찹쌀 위에 얹고 쪄서 껍질을 벗긴 뒤 찹쌀과 함께 친 떡이다.

오사카 구루미모치 くるみ餅

풋콩으로 만든 녹갈색 앙금으로 떡을 감싼(구루미) 모양에서 '구루미모치'라는 이름이 붙었다.

교토 미나즈키 水無月

하얀 우이로(쪄서 만든 화과자의 일종) 위에 팥을 올리고 세모나게 자른 향토 과자. 헤이안시대에 얼음 모양을 흉내 내 만들던 것을 시초로 보고 있다.

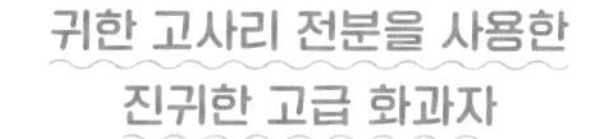

귀한 고사리 전분을 사용한 진귀한 고급 화과자

고사리(와라비) 뿌리에 함유된 전분으로 만든 고사리 뿌리 전분에 설탕과 물 등을 넣고, 타지 않도록 끓이면서 반죽하듯 섞는다. 궐분은 희소가치가 높아, 고급 화과자점 중에도 참궐분을 사용하는 곳은 적다고 한다.

나라 와라비모치 蕨餅

미에 나이쇼모치 ないしょ餅

냄비에 찐 찹쌀과 멥쌀을 떡메 없이 치대서 만든다. 주변에 나눠주지 않고 몰래(나이쇼) 먹던 데서 이름이 유래했다.

돗토리 오이리 おいり

잔밥을 물로 헹궈 햇볕에 건조시킨 뒤, 볶아서 물엿에 묻힌 것이 시초다. 음식을 허투루 낭비하지 않는 문화의 산물.

히로시마 이가모치 いが餅

달콤한 앙금을 찹쌀가루 또는 쌀가루로 만든 피로 감싸고, 색을 입힌 찹쌀을 위에 올려 찐다. 쫀득쫀득하고 오돌토돌한 두 가지 식감을 즐길 수 있다.

시마네 가시와모치 かしわ餅

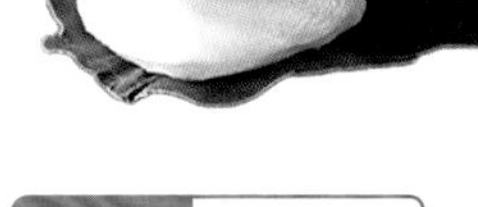

시마네현에서는 떡을 감싸는 데 다른 지역에서 주로 쓰는 떡갈나무(가시와)잎 대신 청미래덩굴잎이 자리 잡았다. 단오절에 시마네현 전역에서 만들어진다.

야마구치 나쓰미칸가시 夏みかん菓子

야마구치현의 현화県花이기도 한 하귤(나쓰미칸)이 원료. 껍질을 얇게 깎아 긴 직시각형 모양으로 썰어 삶고, 진한 설탕물에 조린 뒤 그래뉴당을 묻힌다. 가정에서 쉽게 만들 수 있는 간식으로, 하귤이 수확되는 4~6월에 제조되고 있다.

오카야마 유베시 柚餅子

찐 찹쌀가루에 얇게 썬 유자 껍질과 물엿을 넣고, 으깨면서 바짝 조린 과자. 에도시대부터 계속 이어져오고 있다.

도쿠시마 호타요칸 ほたようかん

도쿠시마 방언으로 공동空洞을 '호타'라고 부르며, 스펀지케이크 같은 찐빵 안에 구멍이 송송 뚫린 모양에서 이름이 붙었다. 색은 흑당으로 인한 것.

고치 한게단고 半夏団子

한게란 7월 2일을 가리키며, 농번기를 지난 시기 등에 노고를 치하하며 먹었다. 양하잎에 앙금을 넣은 떡을 감쌌다.

밀가루 반죽과 앙금으로 나루토 해협의 소용돌이치는 조수를 표현

가가와 우즈마키모치 うずまき餅

도쿠시마현 나루토시와의 접경에 위치한 히케타 지역에 전해오는, 나루토 해협을 표현한 과자. 밀가루와 앙금으로 소용돌이를 표현했다. 히케타에서는 히나마쓰리(3월 3일, 여자아이의 건강한 성장을 기원하는 날) 때, 장식용 히시모치(3색의 떡을 겹쳐 마름모꼴로 자른 떡) 등과 같이 올려두고 먹는 풍습이 있다.

에히메 타르트 타루토 タルト

특산물인 유자가 들어간 앙금을 카스텔라로 롤케이크처럼 만 과자. 에도시대부터 만들어온 전통 과자다.

사가 **유데다고** ゆでだご

'유데단고'(삶은 경단)의 방언으로 '유데타코'(삶은 문어)가 아니다. 밀가루와 흑설탕으로 만든, 농사일에 새참으로 먹는 간식.

후쿠오카 **후나야키** ふなやき

밀가루를 물에 풀어 짭짤하게 간을 해 굽고, 작은 흑설탕 조각을 감싸서 만 요리. 갓이나 된장을 넣는 경우도 있다.

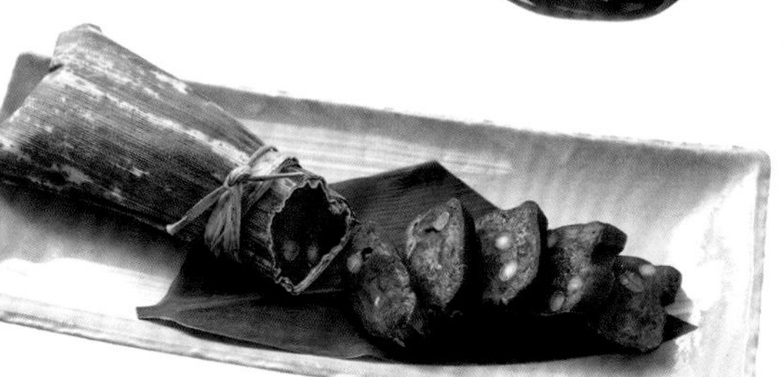

구마모토 **도지코마메** とじこ豆

백설탕 또는 흑설탕을 넣은 밀가루 반죽 안에 대두를 가둬두었다(도지코메루)는 데서 이름 붙었다. 지금은 땅콩이 들어가는 것이 일반적이다.

오이타 **유데모치** ゆで餅

밀가루 반죽에 앙금을 넣고 감싼 뒤 둥글린 후, 밀대로 얇게 펴서 삶은 것. 속에 든 앙금이 비춰 보일 정도로 얇은 것이 특징이다.

가고시마 **아쿠마키** あくまき

나무 또는 대나무 잿물에 찹쌀을 담가두었다가 대나무 껍질로 감싸 잿물에 푹 끓인 것. 콩고물이나 설탕을 뿌려 먹는다.

미야자키 **이리코모치** 이리코모치 いりこ餅

찹쌀과 멥쌀을 볶은 뒤 떡메로 쳐서 설탕이나 물, 소금 등을 넣고 치대 만든 떡. 볶은 쌀(이리코메)로 만든 데서 이름이 붙었다.

오키나와 **사타안다기** 사타안다기 サーターアンダーギー

오키나와 도넛이라고도 불리며, 꽃이 핀 듯한 모양이 특징이다. 밀가루와 달걀, 설탕으로 만든 반죽을 기름에 튀긴 간식으로, 더운 오키나와에서도 보존성이 좋다. 오키나와 방언으로 '사타'는 설탕, '안다'는 기름, '아기'는 튀긴다는 의미다.

찻집에서 친숙한 나가사키의 대표 디저트

나가사키 **밀크셰이크** 미루쿠세키 ミルクセーキ

다이쇼시대 말기~쇼와시대 초기에 나가사키에서 탄생. 규슈 최초의 찻집인 쓰루찬에서 부순 얼음을 넣은 밀크셰이크를 만든 것이 시초로 여겨진다. 지금은 나가사키 명물인 '떠먹는 밀크셰이크'로 전국적으로 유명하다. 가정에서도 만들어 먹는다.

아직 더 있다!

현지 간식 총집합!!

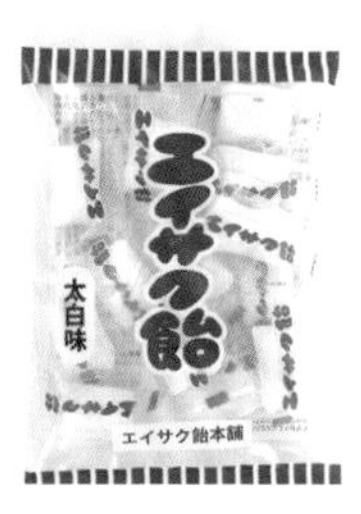

비스킷, 사탕, 센베이 등등. 잘 알고 있는 과자지만 지역에 따라 색다른 현지 간식이 한가득! 대표적인 종류부터 한 번도 본 적 없을 법한 개성파까지 한자리에!!

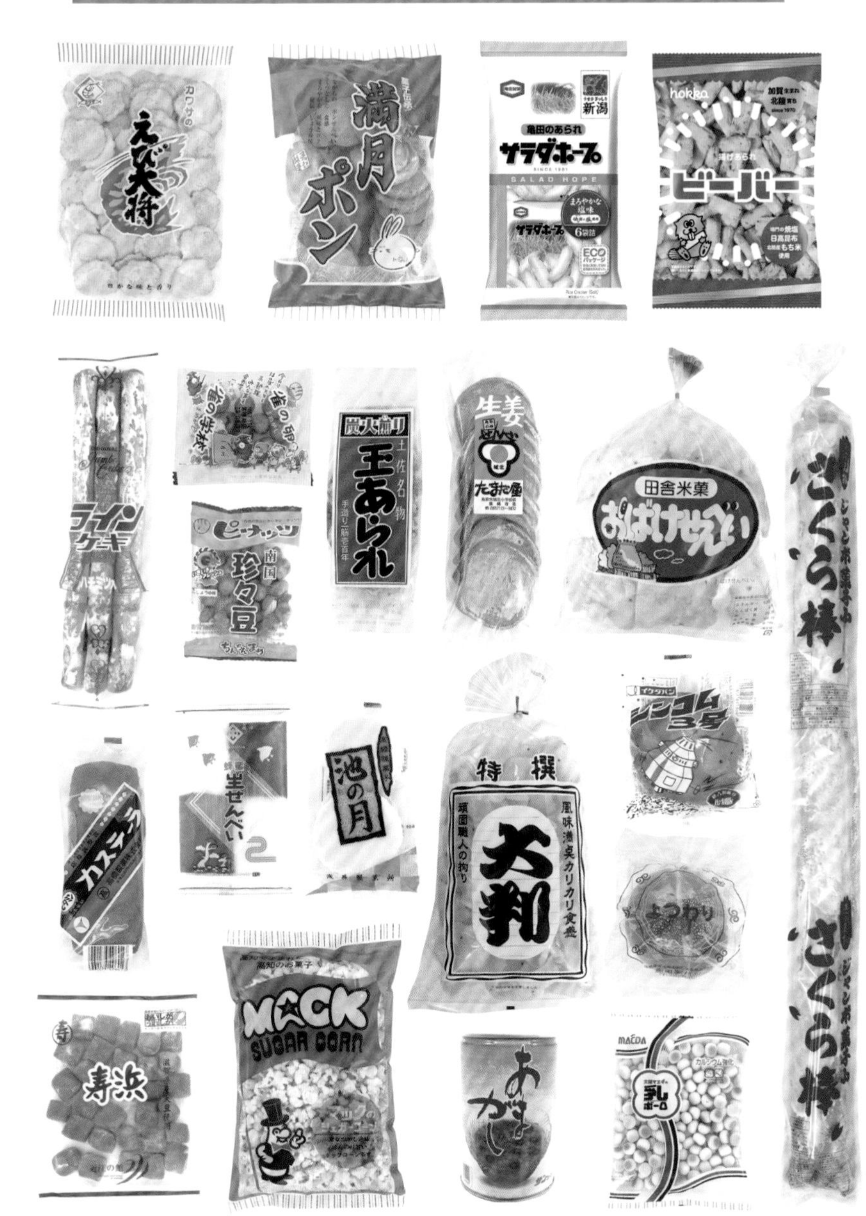

홋카이도 주민의 대표 간식! 애칭 '사카비스킷'

시오 A자 프라이

시오에이지후라이
しおA字フライ

사카영양식품

홋카이도

출시 초기에는 '영자英字'였다!

예전 패키지

1955년 출시 때는 상품명이 '영자(에이지)'였다가 '알파벳 모양을 살리면 어떨까'라는 아이디어에서 1983년 'A자(에이지)'로 변경되었다.

질 좋은 반죽을 구워낸 부드러운 식감의 비스킷. 적당한 짠맛과 아삭한 식감이 어딘가 정겨운 추억의 맛. 출시 당시, 비스킷이라고 하면 동그랗거나 네모난 단순한 모양뿐이었다. 거기서 특징적이고 다양한 모양을 만들고자 고안하여 탄생했다. 홋카이도의 롱셀러 상품으로 삼대에 걸쳐 주민들의 사랑을 받고 있다.

'대용량 가성비' 사이즈에 미니 사이즈까지!

미니 사이즈부터 대용량까지 라인업. '맛있는 비스킷을 먹으면서, 재미있게 알파벳까지 외웠다'는 사람도 있다.

맥주 안주로 탄생

삿포로비어크래커 삿포로비루크락카 札幌ビールクラッカー

홋카이도

사카영양식품

맥주 통 디자인의 포장도!

'삿포로비어크래커 신다루(새 통)'라는 상품명에서 맥주 통을 형상화해, 겉 용기를 종이로 변경했다. 역시 삿포로 맥주의 상징인 별 마크는 빼놓을 수 없다.

삿포로맥주와 공동 개발했다. 한 입 크기의 짭짤한 크래커와 땅콩 볼 두 가지 맛을 즐길 수 있어, 맥주 안주로 안성맞춤이다. 1982년 출시해, 일본 전국 각지에서 열리는 홋카이도전展에서도 인기 상품이다.

크림이 고급품이던 시대에 등장

라인샌드 라인산도 ラインサンド

홋카이도

사카영양식품

예전 패키지

현재는 상품명 로고가 아치 모양으로 변했지만, 그 밖의 디자인은 출시 초기부터 그대로다.

길쭉한 비스킷 사이에 크리미한 바닐라크림을 발랐다. 1952년 출시한 롱셀러 상품이다. 출시 당시에 고급품이던 크림을 더 많은 소비자가 먹었으면 하는 마음에서 출시했다. 먹기 좋은 한 입 크기.

바다 내음과 알파벳 의외의 조합!

에이지비스 노리후미

에지비스 노리후미
英字ビス のり風味

나가노

베이교쿠도식품

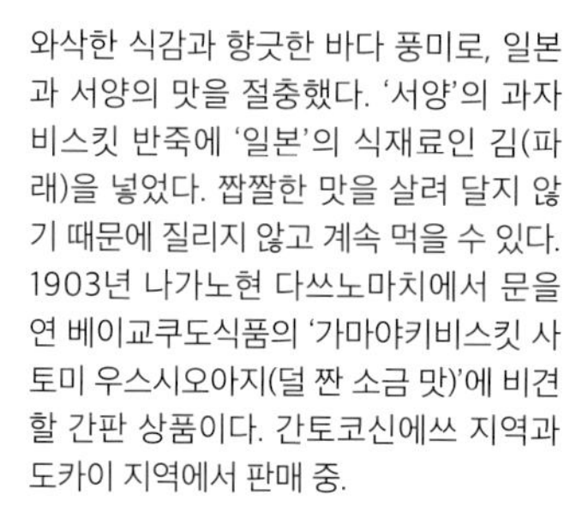

와삭한 식감과 향긋한 바다 풍미로, 일본과 서양의 맛을 절충했다. '서양'의 과자 비스킷 반죽에 '일본'의 식재료인 김(파래)을 넣었다. 짭짤한 맛을 살려 달지 않기 때문에 질리지 않고 계속 먹을 수 있다. 1903년 나가노현 다쓰노마치에서 문을 연 베이교쿠도식품의 '가마야키비스킷 사토미 우스시오아지(덜 짠 소금 맛)'에 비견할 간판 상품이다. 간토코신에쓰 지역과 도카이 지역에서 판매 중.

알파벳뿐만 아니라 숫자도 들어 있어, 다양한 영문을 만들 수 있다. 아이부터 어른까지 즐길 수 있는 부동의 인기 상품.

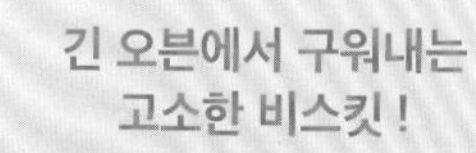

긴 오븐에서 구워내는 고소한 비스킷 !

성형한 반죽을 벨트 위에 올려, 약 50m 길이의 오븐에서 5~10분 정도 구우면 맛있는 비스킷이 완성된다.

건맨과 피노키오를 닮은 캐릭터가 특징 인기 있는 짭짤한 비스킷

스틱 타입이라 먹기 좋은, 와삭한 식감의 비스킷 비스쿤. 출시 이래 50년 넘는 롱셀러 상품으로, 맛과 모양 모두 처음과 똑같다. 비스킷의 바삭함과 단맛을 더욱 살려주는 짭짤함이 인기 요인이다. '비스쿤'은 비스킷의 상품명으로, 포장에 그려진 건맨과 피노키오를 닮은 캐릭터 이름이나 애칭은 아니다.

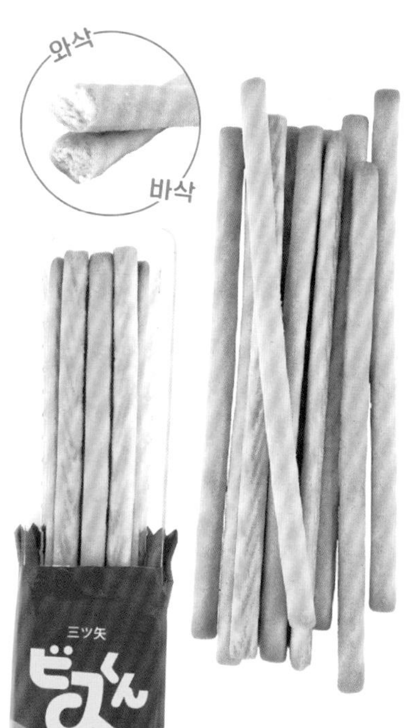

막과자 가게의 대표 상품 '18g 비스쿤' 외에 '미니비스쿤 비스킷'(위)이나 '140g 비스쿤'(오른쪽) 등의 시리즈도 있다.

쇼와시대의 '젤리빈스'

과거 라인업

헤이세이시대 초기에 판매가 종료됐다. 미쓰야 제과는 1962년 비스킷 생산을 시작하기 전에는 사탕이나 젤리빈스 등을 만들었다.

'하치노지(8자)' 모양의 시즈오카 대표 간식

하치노지 하치노지 8の字 시즈오카
가쿠젠구와나야

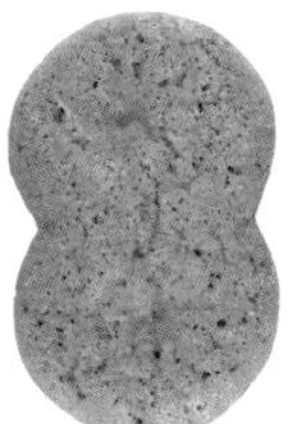

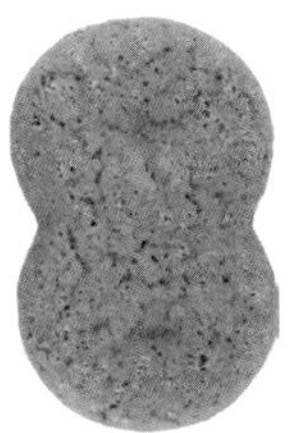

80년 넘게 변함없는 맛

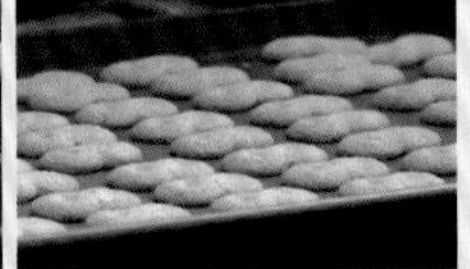

유서 깊은 맛을 지키면서 호지차나 딸기 맛, 쿠키 타입 등 다양한 맛을 선보이고 있다.

바삭하고 가벼운 식감으로, 입안에서 보드랍게 녹으면서 산뜻한 단맛이 퍼지는 사브레 스타일의 '볼로(포르투갈어로 케이크라는 뜻으로, 일본에서는 밀가루, 설탕, 달걀, 우유 등을 재료로 한 부드러운 과자를 가리킴)'. 다이쇼시대 말기의 막과자인 메가네(안경)를 개량했고, 상품명도 '하치노지'로 바꾸었다. 심플한 고소함이 정겨운 맛이다.

바삭바삭 전통적인 구움과자

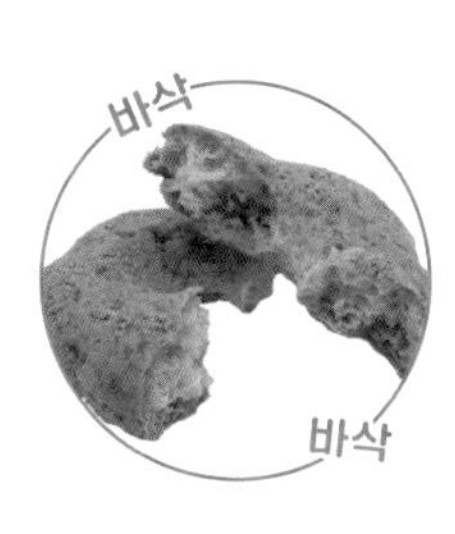

광고에 등장한 교토 미인과 소바볼로

소바볼로를 들고 미소 짓는 여성은 과거 방송되었던 지역 광고의 모델. 기모노를 입은 교토 미인과 전통 있는 과자의 이미지가 조화롭다.

바삭바삭한 식감, 풍부한 풍미에 입안에서 살살 녹는 전통적인 구움과자. 헤이와제과의 소바볼로는 원재료에 물을 넣지 않고 반죽할 수 있을 정도로 달걀을 배합하여, 식감이 더욱 부드럽다. 소박한 풍미에 계속 손이 간다.

고급스러운 바닐라크림이 듬뿍

크림파피로 쿠리무파피로 クリームパピロ **나가노**

고미야마제과

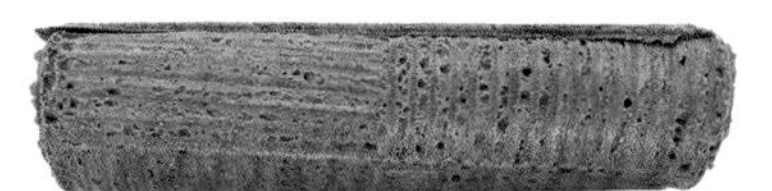

고소한 밀 센베이와 고급스러운 바닐라크림이 조화롭다. 아작아작한 식감과 보드라운 크림이 입안에서 퍼진다.

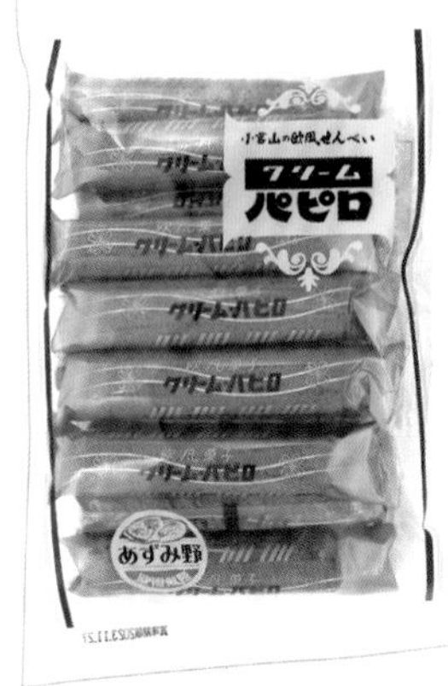

밀가루를 원료로 만든 센베이를 얇게 말아, 단맛이 적은 바닐라크림을 채워 넣은 크림파피로. 지금은 자동화되었지만, 1966년 출시 당시에는 갓 구워낸 따끈따끈한 센베이를 원통 모양으로 한 장 한 장 직접 말았다고 한다.

화이트크림을 두 겹으로 샌드

사라반드 사라반도 サラバンド **나가노**

고미야마제과

센베이 세 장과 화이트크림으로 만든 과자. 스페인의 우아한 삼박자 무곡 '사라반드'에서 상품명이 유래했다.

밀가루 센베이 세 장 사이에 화이트크림을 두 겹으로 샌드했다. 1970년 출시 이래, 고소한 센베이와 단맛이 적고 입안에서 살살 녹는 크림이 인기. 고미야마제과에서는 구움과자가 아니라 '오후歐風(유럽식) 센베이'라고 부른다.

부드러운 크림을 샌드

파피론샌드 파피론산도 パピロんサンド 시아와세도 나가노

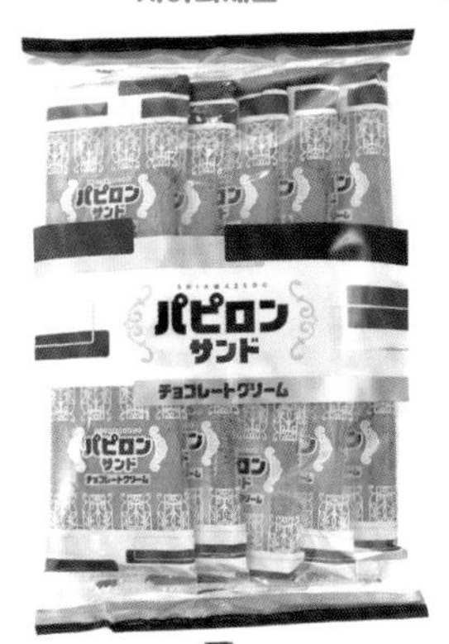

예전 패키지

시아와세도幸せ堂(행복당)의 '幸(사치)'에서 따온 '삿짱'이라는 여자아이가 그려진 땅콩크림 시절의 포장.

고소하게 구워낸 파삭한 밀가루 센베이에, 부드러운 단맛과 반드러운 식감의 초코크림을 샌드한 과자. 처음에는 땅콩크림이었으나, 몇 해 전부터 초콜릿크림으로 바뀌었다. 규슈나 오사카에서도 인기다.

밀가루의 참맛과 고소함!

시가프라이 시가후라이 シガーフライ 호쿠리쿠제과 이시카와

예전 패키지

2014년까지 사용했던 포장의 로고 디자인. 영어 'CIGAR'와 일본어 '시가프라이' 서체는 지금도 계승되고 있다.

1950년대 출시된 시가프라이는 가벼운 짠맛을 살린 스틱 타입의 비스킷이다. 예전부터 전해 내려온 제조법으로 만든 반죽을 고온의 오븐에서 구워, 밀가루 본연의 맛과 고소함을 바삭한 식감으로 즐길 수 있다.

강력한 마늘 맛 펀치!

하트칩플 하토칩푸루 ハートチップル 이바라키
리스카

2002년경

예전 패키지

음식이 서구화되면서 마늘의 인기를 예견해 개발했다. 1973년 출시로, 새빨간 포장 디자인도 오래되었다.

겉모습이 하트 모양인 것과 달리 맛은 강렬하다. 한계에 도전하듯 진한 마늘 풍미와 바삭바삭한 식감이 중독적인, 마늘 애호가들은 끊을 수 없는 스낵 과자다. 출시 초기에는 학교 근처의 막과자 가게 등에서도 판매되었다.

소박한 맛의 대표 비스킷

미레프라이 미레후라이 ミレーフライ 아이치
와타요시제과

'MIRE' 글자가 세련

은은한 단맛의 하드 타입 비스킷을 옛날 방식 그대로 유채 기름에 담가 튀겼다. 비스킷 표면에 'MIRE'라는 글자가 새겨져 있다.

와사삭 단단한 식감과 단맛, 짠맛이 절묘한 균형을 이루는 미레프라이. 바삭바삭 가볍고 고소해서 질리지 않는 소박한 맛의 비스킷이다. 1933년 문을 연 와타요시 식품은 1960년부터 이 정통의 맛을 만들어오고 있다.

게 풍미의 바삭한 식감! 핑크색의 귀여운 스낵

가니칩 카니칩푸 カニチップ **하루야** 기후

40년 전의 레시피를 충실하게 지켜오다

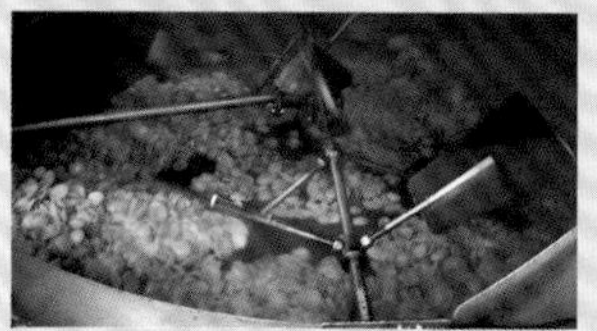

반죽의 건조 상태와 튀긴 정도가 절묘하다. 게 분말에 비밀 재료로 백간장 분말을 사용하는 것도 포인트.

봉지를 열면 풍겨오는 게(가니)의 풍미, 적당한 짠맛의 가벼운 식감이 맛 좋은 스낵. 1981년경, '가니칩'이라는 이름으로 출시했으나 판매는 저조했다. 그 후 시행착오를 거치면서 '게 분말'을 채택해 지금의 가니칩이 탄생했다. 귀여운 핑크색 스낵은 이제는 도카이 지방의 슈퍼마켓에서 판매되는 대표 과자다.

예전 패키지

왼쪽은 초대, 오른쪽은 2대째 포장. 귀여운 게는 등장하지 않는 심플한 디자인이다.

하루야가 부활시킨 시즈오카의 맛!

2019년, 시즈오카의 제조업체가 폐업하며 판매가 종료된 치즈아라레. 그 레시피를 이어받은 하루야가 맛을 재현하여 제조·판매하게 되었다.

10엔이라 펭귄 모습도 '10'

하이!! 도짱 ハイ!! トーチャン 아이치
미리온제과

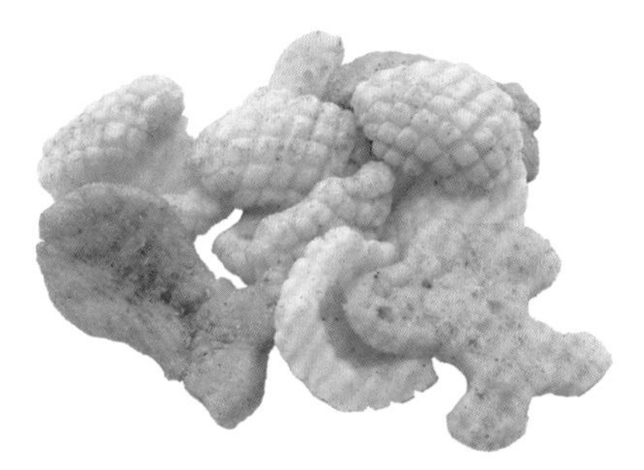

열여섯 가지 향신료로 변함없는 맛

1959년, 전신인 카레아라레가 탄생했다. 비법으로 전해 내려오는 향신료와 감미료를 블렌딩한 맛은 당시 그대로다.

바삭바삭한 식감의 정겨운 카레 맛. 처음에는 막과자 가게에서 큰 병에 든 과자를 컵에 담아 팔았는데, '당첨되면 두 컵' 등 뽑기도 있었다. 1970년에 가격이 10엔이라는 데서 유래한 '도짱(일본어로 10을 도오とお라고 함)'을 넣은 상품명으로 출시했다.

옛날 그대로의 색과 모양 그 모티프는…?

특징적인 과자 모양도 카레아라레 시절부터 변함없다. 노란색은 거북의 등껍질, 주황색은 도미, 초록색은 비행기가 모티프.

레시피를 아는 사람은 단 한 명

아지카레 味カレー 나가사키
야마토제과

찌릿하게 느껴지는 약간의 매콤한 풍미가 참을 수 없는 맛. 나가사키 사세보에서 탄생했으며, 60년 넘게 야마토제과의 간판 상품으로 자리 잡고 있다. 1960년 탄생 당시 카레 맛 상품은 희귀해서, 상품명과 사명을 합쳐 '야마토의 맛(아지) 카레'라고 이름을 붙였다.

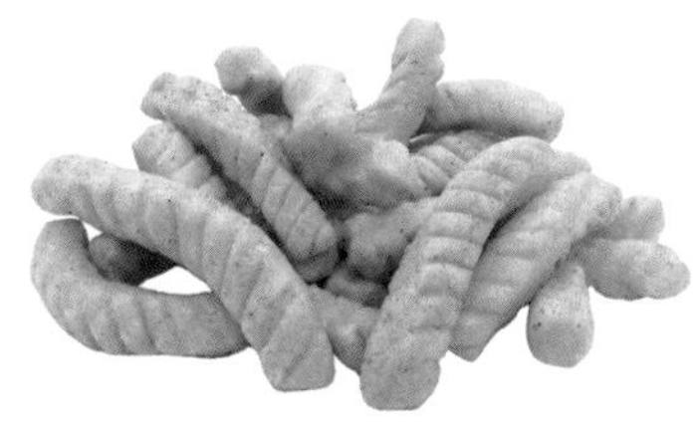

향신료는 자체 제조인 데다 오직 전문가 한 사람만이 제조법을 알고 있는 문외불출의 레시피다.

모모타로(일본의 전래동화 주인공으로 복숭아에서 태어나 도깨비를 퇴치하러 떠나는 인물)가 허리에 차고 있던 기비단고. 그 기원은 과연 어디에 있을까. 수수(黍, 기비)로 만들어서 '기비단고黍団子', 고대 일본의 지방 국가인 기비노쿠니에서 탄생해 '기비단고吉備団子'라는 설이 있는가 하면, 다이쇼시대에는 '기비단고起備団合'라고 쓰기도 했다는데….

기비黍? 기비吉備? 기비단고起備団合? '기비단고'의 기원은?

취재·글 고바야시 료스케

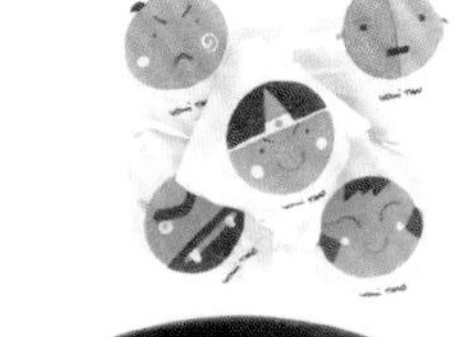

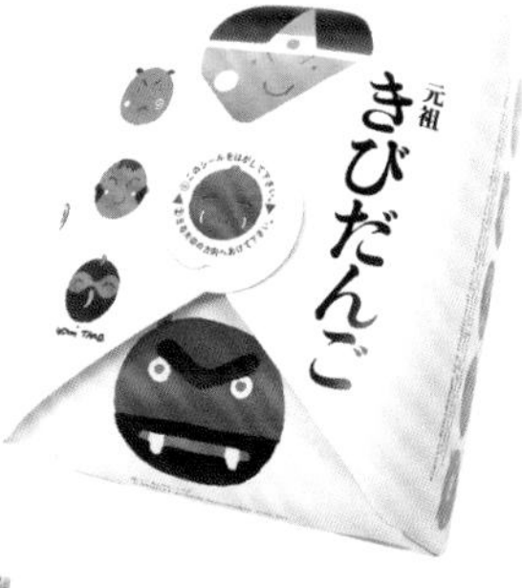

오카야마 기비단고 きびだんご

코에이도

에도시대 후기, 수수 대신 찹쌀에 당시 귀했던 상백당과 물엿을 섞어 부드러운 규히(찹쌀이나 백옥분에 물엿, 물, 설탕을 넣고 반죽해 만든 화과자)를 만들고, 풍미를 더하기 위해 수숫가루를 넣은 것이 지금으로 이어지는 기비단고의 원형이다. 1993년에는 그림책 작가 고미 타로의 일러스트를 사용한 포장이 탄생했다.

지금은 '원조' 외에 흑당을 사용한 '흑당 기비단고'나 '바닷소금' '콩고물' '백도' 등 종류도 다양하다. 선물로도 인기이며, 인터넷쇼핑몰에서도 구입할 수 있다.

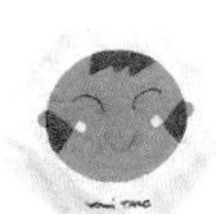

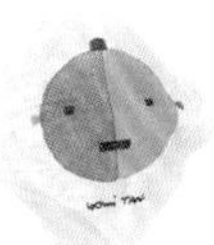

동화와 동요 〈모모타로〉로 친숙한 기비단고. 유래나 맛은 각기 다르지만, 기비단고는 일본 전국에 존재한다. 원래 볏과 일년초인 수수로 만든 '기비단고黍団子'는 옛날부터 어디서든 먹던 음식이다. 현재 오카야마현의 명물이 된 '기비단고吉備団子'는 오카야마시 기타구에 세워진 '기비쓰신사'에서 기원했다는 설이 유력하다. 예로부터 이 신사에 봉납하던 것이 기비단고黍団子다. 1856년, 오카야마 성하 마을의 화과자 가게인 히로세야(현 고에이도)의 초대 점주가 이케다번의 가로家老에게 배워 창작했다고 전해진다. 그러다 에도시대 후기에 다과로, 그리고 여행의 친구로 삼을 수 있도록 보존성을 높이기 위해 개량했다. 이를 이케다번에 진상하자 번주가 "오카야마를 대표하는 명과"로 인정했다. 또 기비쓰신사는 고레이 천황의 황자이자 군신軍神으로 칭송받던 기비쓰히코노미코토가 이 지역에 진을 치고 도깨비를 퇴치했다고 알려져, 모모타로 전설의 기원으로도 여겨지고 있다.

한편, 홋카이도에서는 개척에 나섰던 둔전병들이 휴대식량으로 먹었는데, 다이쇼시대에 '일이 일어나기起 전에 미리 준비하고備 단결하여団 서로合 돕자'라는 그들의 정신에서 '기비단고起備団合'로 출시되었다.

훗카이도 니혼이치키비단고 日本一きびだんご

다니다제과

훗카이도 개척의 정신과 간토대지진의 복구를 기원하며 '기비단고起備団合'라는 명칭으로 1923년 출시됐다. 맥아 물엿, 설탕, 무가당 앙금, 찹쌀 등 엄선된 천연 원료만을 사용했다. 기비단고 색깔은 이 맥아 물엿과 앙금이 만들어낸 천연색이다.

찹쌀을 맷돌로 곱게 갈아 증기로 찌는 것이 부드러운 식감의 비밀. 앙금은 도카치산 콩을 사용했다. 재료들을 증기로 데우면서 설탕, 물엿과 잘 섞어준다.

훗카이도 기비단고 きびだんご

덴구도타카라부네

물엿, 설탕, 밀가루, 찹쌀, 앙금 등을 원료로 만든 훗카이도 명과로, 주민들에게 사랑받아온 옛날 그대로의 맛. 오카야마 등 타 지역과는 다른 원료와 제조법으로 만들어진다. 또 절분(콩을 뿌려 잡귀를 쫓는 입춘 전날) 한정상품으로 초콜릿 맛 '오니타이지(귀신 퇴치) 초코키비단고'도 나온다.

기비단고 교반기로 찹쌀과 설탕, 물엿 등의 원재료를 잘 섞어 만든 반죽을 커팅한 후 오블라투로 감싼다.

아이치 이누야마명과 기비단고 犬山銘菓きびだんご

겐코쓰안

아이치현 이누야마시의 기누가와강 연안은 모모타로 탄생지라는 전설이 있어 복숭아(모모)를 신체神體로 한 모모타로 신사가 세워졌고, 관광 명소가 되었다. 겐코쓰안이 이 신사를 빗대 고안한 것이 이누야마명과 기비단고. 직접 만든 콩고물 풍미가 살아 있는 부드러운 식감이 제맛이다.

문을 연 지 170여 년 된 유서 깊은 가게. 오키나와산 흑설탕이 주원료인 설탕과자 이누야마겐코쓰도 인기다.

박하(핫카)의 일대 산지인 기타미 그 땅에서 탄생한 아름다운 사탕

핫카아메 ハッカ飴

나가타세이타이

홋카이도

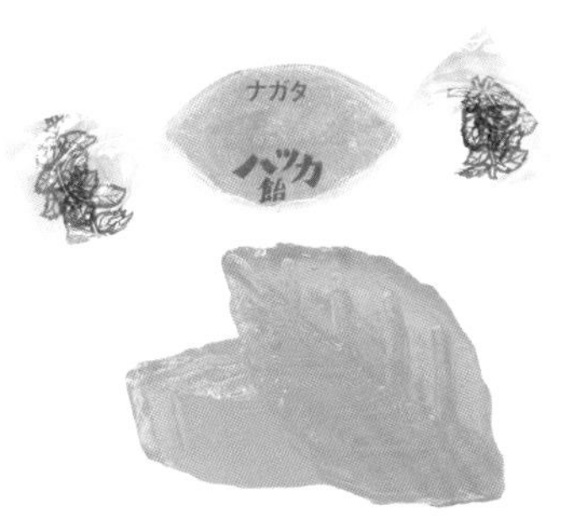

박하잎을 본뜬 모양. 오호츠크해의 '오호츠크 블루'를 닮은 투명한 푸른색까지 아름다운 사탕이다.

예전 패키지

박하잎이 지금보다 녹색이었다. 1973년에는 일본의 '전국과자대박람회'에서 농림대신상을 수상했다.

~2018년

홋카이도의 기타미 지방은 쇼와시대 초기 무렵까지 세계에서 박하 생산량이 가장 많았다. 핫카(박하)아메는 기타미의 특산품이던 박하를 원재료로 만든 것이다. 1921년 문을 연 나가타세이타이에서는 1950년대 초중반부터 기타미에서 핫카아메를 상품화했다. 화한 상쾌함과 민트 풍미가 향기로운 사탕은 홋카이도의 시원한 맛으로 인기다.

1956년경, 새해가 밝고 처음 상품을 출하할 때의 사진으로 추정된다. 앞줄 맨 오른쪽에 앉아 있는 사람이 3대 사장이다.

이쪽도 인기의 롱셀러

간페키아메

岩壁飴

홋카이도의 유명 관광지인 협곡 소운쿄. 이시카리강을 따라 장장 24km에 걸쳐 이어진 소운쿄의 단애 절벽. 그 암벽을 형상화한 간페키(암벽)아메도 인기다.

낙농 대국 홋카이도의 맛!

규뉴아메 牛乳飴 홋카이도
나가타세이타이

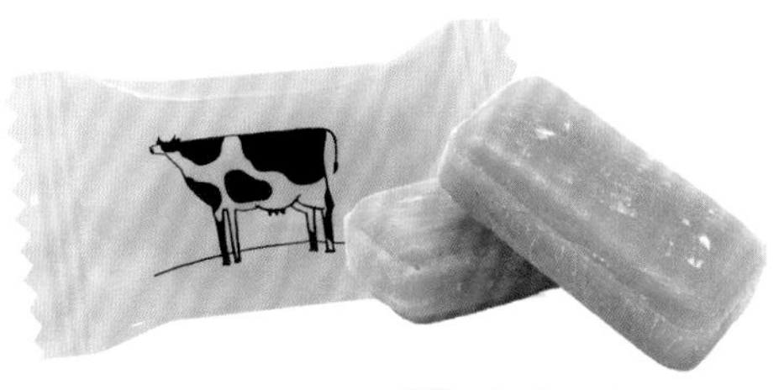

예전 패키지

2011~2021년

~2011년

낙농 대국 홋카이도 특유의 사탕인 만큼 역대 포장에도 소의 모습은 빼놓을 수 없다. 출시 당시부터 변함없는 맛을 지켜오고 있다.

부드러운 우유의 향과 연유의 달콤함이 피로를 치유해주는 행복한 맛의 규뉴(우유)아메. 핫카아메와 마찬가지로 나가타세이타이가 1950년대 초중반에 출시했다. 오랜 기간 사탕 제조업체로서 쌓아온 경험과 기술로, 유제품을 풍부하게 사용해 홋카이도의 이미지에 딱 맞는 캔디를 만들어냈다. 카라멜과 비슷하지만 사탕이다.

유빙을 사탕으로 실감 나게 표현

큰 사탕을 부수었기 때문에 낱개 포장이 아니고, 크기도 일부러 들쭉날쭉하게 했다. 화한 느낌은 없고, 은은하게 달콤한 맛이다.

겨울의 오호츠크해에 밀려오는 유빙을 형상화한 류효(유빙)아메. 살짝 단맛이 입안 가득 퍼진다. 1955년 아바시리시에서 위탁받아 시제품을 거듭하며 진짜 유빙에 가까운 색과 모양을 재현했다.

오키나와를 대표하는 상큼한 감귤 사탕

시콰사아메 シークワーサー飴

다케제과

오키나와

오키나와산 시콰사 과즙을 사용했다. 시큼한 맛과 시원한 맛을 살린 캔디로, 쓴맛도 약간 느껴지는 사실적인 맛. 문을 연 지 90년 이상 된 노포로, 1972년부터 사탕 전문점으로서 오키나와 특유의 재료를 사용한 사탕을 만드는 데 힘쓰고 있다.

목 캔디도!

시콰사 과즙이 듬뿍 !

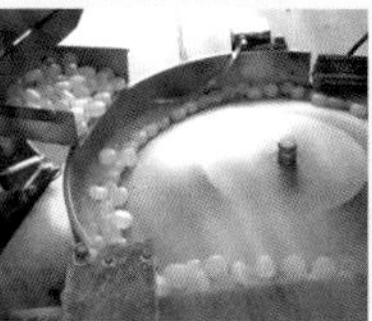

원료를 삶아 진공 가마에서 압축한 뒤, 과즙을 섞어 만든다. 지금도 수작업 공정은 있지만, 오키나와현 내에서 가장 먼저 기계를 도입해 균일한 모양의 사탕을 양산하고 있다.

사진 제공: 오키나와시

변함없는 제조법으로 소박한 맛

고쿠토아메/고쿠토노도아메 黒糖飴/黒糖のどあめ

다케제과

오키나와

흑당을 사용한 부드러운 맛의 고쿠토(흑당)아메. 제법 큼직해서 흑당의 진한 풍미를 느긋하게 즐길 수 있다. 여기에 허브 오일을 더한 것이 고쿠토노도아메(목 캔디). 시원하고 상쾌하며 목에도 자극이 없다.

고쿠토아메는 1974년, 고쿠토노도아메는 1983년에 출시된 대표 상품.

커다란 알맹이의 부드러운 사탕!

에이사쿠아메 에사쿠아메 エイサク飴 이와테

지다에

설탕의 순한 단맛에 구수한 간장이 밴 '간장 맛'이 가장 인기다. 당초에는 지금보다 배 이상 컸다고 한다.

직화 위에서 늘여서 만드는 사탕 특유의 부드러움과 큼직한 알맹이로 평판이 좋은 '에이사쿠아메'. 1931년 출시 초기부터 다이하쿠 맛(물엿, 설탕, 밀가루로만 낸 맛), 간장 맛, 흑당 맛 등 세 종류가 기본이었다. 큰 사탕은 감칠맛도 풍부해, 한 알만 먹어도 대만족하게 된다.

가가 지역의 향토가 기른 전통의 맛

원재료는 일본산 쌀과 맥아뿐인 무첨가 제품. 자연에서 유래한 부드러운 단맛이 특징이다. 예로부터 전해오는 제조법을 지켜가고 있다.

순한 단맛과 고소한 풍미를 느낄 수 있는 부드러운 사탕. 그 옛날 이시카와 스이사카무라 마을에는 스물일곱 군데의 사탕 가게가 있었으며, 사탕 이름은 지명에서 붙였다고 한다. 현재 스이사카아메를 제조·판매하는 곳은 1631년 문을 연 다니구치세이안조뿐이다.

싸라기설탕을 입힌 소박한 맛

미조레다마 みぞれ玉

미에

마쓰야제과

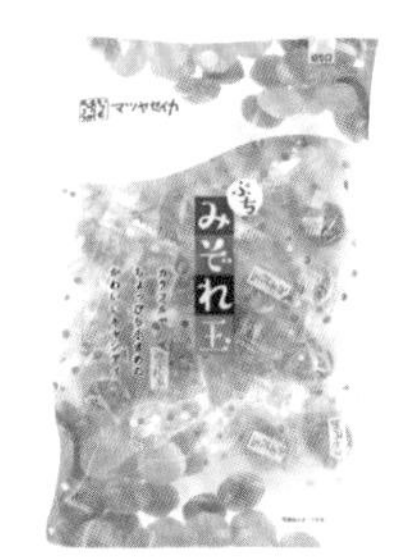

프티 미조레다마
푸치 미조레다마 プチ みぞれ玉

예전 패키지

출시 당시에는 20개에 1개의 덤을 주었다. 기본적인 디자인은 지금도 거의 바뀌지 않았다. 2018년에는 작은 알맹이 타입의 '프티'도 등장했다.

1986년

일본 녹색의 날이나 막과자 가게에서 먹던 알사탕을 친숙하게, 다양한 맛을 즐길 수 있도록 1986년에 출시했다. 딸기, 포도 등 여섯 종류의 소박한 맛이 향수를 불러일으킨다. 특유의 향긋한 풍미를 내기 위해 고온 직화 제조법을 고집한다.

레트로한 캔디 포장도 매력!

오다마믹스 오다마믹쿠스 おおだまミックス

와카야마

가와구치제과

컬러풀한 사탕에 콜라, 사이다, 귤, 사과, 레몬 등 각각의 맛을 연상시키는 포장 디자인도 재미있다.

사이다

콜라

레몬

귤

사과

일이나 공부를 하면서 입이 심심할 때 오랜 시간 먹을 수 있도록 만들어진, 큼직한 알(오다마)의 부피감 있는 믹스 캔디. 1982년 출시 당시에는 맛이 여덟 가지였으나, 현재는 다섯 가지다. 맛은 계절에 따라 바뀐다.

주사위 모양의 귀여운 젤리

하이믹스젤리 하이믹쿠스제리 ハイミックスゼリー 아이치

스기모토야제과

알록달록 투명함이 느껴지는 색상에 주사위와 비슷한 모양의 귀여운 하이믹스젤리. 산뜻하고 부드러운 단맛의 젤리는, 베어 무는 식감도 좋아 질리지 않는다. 1969년 출시해, 현지에서는 선물용으로도 인기다.

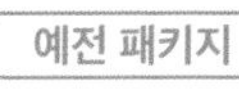

예전 패키지

출시 초기에는 '하이믹스'와 '믹스' 두 종류로, 배합과 낱개 포장 등 내용물에 차이가 있었다. 쇼와시대에는 귀여운 과일 일러스트도 생겼다.

1975년

1975년

1978년

프루티하고 풍부한 풍미

믹스젤리 믹쿠스제리 ミックスゼリー 아이치

긴조제과

프루티하고 상쾌한 향과 풍부한 맛의 한천 젤리. 1951년에 '프루트펀치'라는 명칭으로 등장. 당시에는 무게를 재서 팔기도 했으나, 1976년부터 지금의 상품명으로 바뀌면서 서서히 봉지 포장 판매 중심이 되었다.

도호쿠 방언 '멘코이'에서 이름을 딴 '귀여운' 미니 젤리

멘코짱미니젤리 メン子ちゃんミニゼリー 미야기

아키야마

형형색색의 사랑스러운 한 입 크기 컵 젤리 멘코짱미니젤리. 1981년 출시되었으나 원조 제조회사가 2008년에 경영난으로 파산했다. 그러다 같은 해, 전 직원이 '멘코짱의 맛을 지키고 싶다'며 아키야마를 설립한 후 이 젤리를 이어받았다. 지금도 도호쿠 주민들의 소울푸드로 인기가 높다.

출시 초기부터 변함없는 고품질의 진한 맛 젤리. 사과 과즙을 30% 사용했고, 향료와 착색료로 다섯 가지 맛을 선보이고 있다.

예전 패키지

역대 추억의 포장을 소개한다. 맛과 마찬가지로 지금도 옛날 포장 디자인을 소중히 이어받은 것을 알 수 있다.

1981년

1983년

1991년

사박사박한 식감의 딸기맛 빙과

모모타로 もも太郎 니가타
세이효

얼음 알갱이가 듬뿍 들어간 사박사박한 식감의 빙수 막대아이스크림. 세이효는 1916년 문을 연 노포 제빙회사다. 부순 얼음에 시럽을 섞어 동결시켜서 완성한 식감에는, 전문 제조업체 특유의 기술력이 꽉꽉 눌러 담겨 있다.

뒷맛이 깔끔한 딸기 맛. 니가타 지역 편의점의 냉동고를 들여다보면, 무조건이라고 해도 될 정도로 만나기 쉽다. 6개들이 멀티팩도 있다.

살살 녹는 딸기 과육 소스가 매력!

딸기 맛 막대아이스크림 안에 살살 녹는 달콤한 딸기 소스가 들어간 아이스크림. 원조는 도호쿠 지역의 소울 아이스크림으로 오랜 세월 사랑받다 1997년에 판매가 종료된 비바올. 훗날 세이효가 재출시하고 발전시켜 지금의 비바리치가 되었다.

오랜 세월 사랑받은 맛을 이어받아 진화

이름을 물려준 비바올(왼쪽)은 판매 종료. 그 진화판인 비바리치는 딸기 과육 소스를 넣어 깊은 맛을 더했다.

바닐라+초코+크런치의 절묘한 조합!

블랙몽블랑 부락쿠몽부랑 ブラックモンブラン

다케시타제과

산뜻한 바닐라 아이스크림이 초코와 쿠키 크런치를 입은, 사박사박한 식감의 막대아이스크림. 규슈의 대표 롱셀러 아이스크림이다. 1969년 출시로, 상품명은 전 회장이 알프스산맥의 최고봉인 몽블랑을 눈앞에 두고 '이 새하얀 산에 초콜릿을 뿌려 먹으면 얼마나 맛있을까' 생각한 데서 붙었다.

예전 패키지 새하얀 몽블랑 배경과 로고 이미지는 예전과 그대로다. 다양한 홍보 행사도 진행하며, '뽑기'가 든 것도 인기 요인 중 하나다.

1986년

1988년

1989년

'러미 드' '글라세 드' '더블'까지! 시리즈 상품도 가지각색이었다!

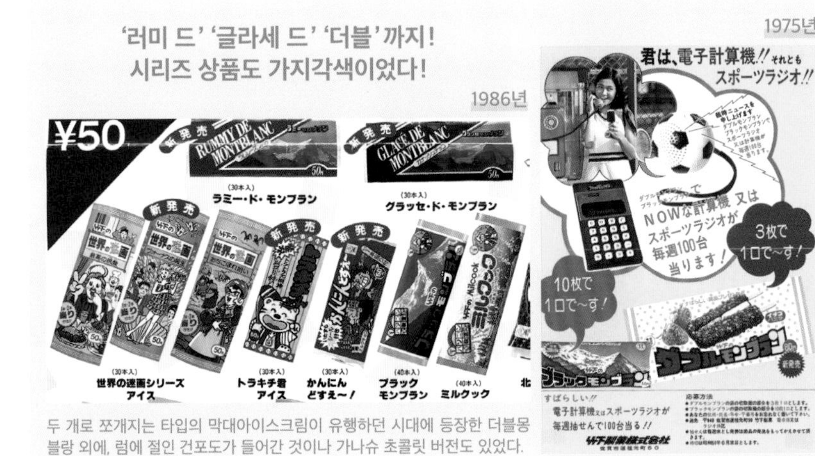

1986년

1975년

두 개로 쪼개지는 타입의 막대아이스크림이 유행하던 시대에 등장한 더블몽블랑 외에, 럼에 절인 건포도가 들어간 것이나 가나슈 초콜릿 버전도 있었다.

정성스럽게 직접 쑨 앙금이 승부수!

하나만주 花まんじゅう 고치
구보타식품

1989년

예전 패키지

디자인과 배색이 레트로한 출시 초기의 포장 디자인은 지금도 이어지고 있다. 1981년 출시 이래로 롱셀러 상품이다.

100% 도카치산 팥을 큰솥에서 정성스럽게 쑨 뒤, 단맛을 줄여 완성한 자체 제조 앙금과 산뜻한 우유 아이스크림의 궁합이 뛰어나다! 1959년 문을 연 구보타식품의 아이스크림은 고치현 주민들에게 '구보타 아이스'로 사랑받고 있다.

바닐라빈이 들어간 정통 아이스크림

옷파이아이스 おっぱいアイス 고치
구보타식품

1989년

예전 패키지

초대 포장. 지금과는 인상이 다르지만, 사선으로 들어간 파란 줄무늬가 더없이 시원스럽다. 고무 용기는 물론 당시도 그대로.

그리움이 넘치는 소박한 고무 용기에 담긴 아이스크림. 보기에는 앙증맞지만 내용물은 바닐라빈 향이 가득한 정통파다. 순한 맛으로 첨가물은 들어 있지 않다. 앞부분을 잘라내고 먹는데, 너무 녹으면 흘러넘치기 때문에 주의해야 한다.

다품종 소량생산으로 잇달아 상품 개발

창업자가 '내 입에 맛있는 아이스크림을 만들어보고 싶다'라고 도전하며 시작된 '구보타 아이스'는 다품종 소량생산이 콘셉트다.

규슈 하면 익숙한! 밀크셰이크 맛

밀쿡 미루쿠쿠 ミルクック
사가
다케시타제과

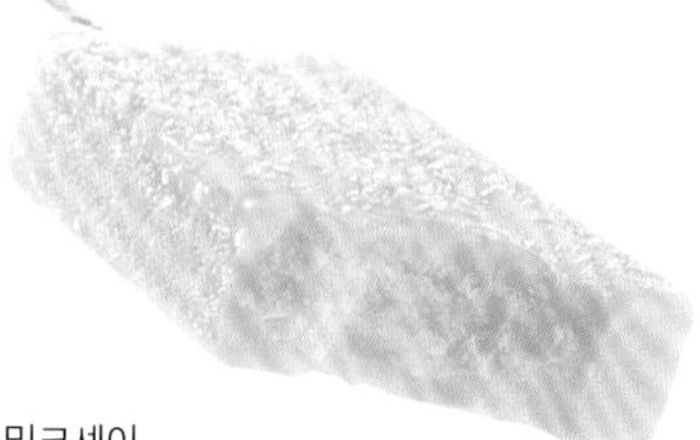

사박사박한 얼음 입자와 살살 녹는 연유 소스가 들어간, 진한 맛 밀크셰이크 막대아이스크림. 컵 제품이나 기간 한정 맛 등도 선보이고 있다. 뉴질랜드의 '국산'에서 이름을 따왔다.

규슈 대표! 포슬포슬 빙수

가키고리/긴토키 かき氷 / 金時

구마모토
닛포식품공업

규슈의 여름을 대표하는 봉지빙수. 컵 타입의 미조레(작은 컵 타입 용기에 판매되는 저렴한 빙과 상품)와는 달리 포슬포슬한 식감이 특징이다. 닛포식품공업의 얼음은 미나미아소산에서 흘러나온 천연수를 사용하며, 맛의 비법 재료로 소금이 들어간다.

별이 한눈에! 노포 과자점의 아이스크림

쿨스타 쿠루스타 クールスター
야마가타
마쓰시마야과자점

아이스크림과 생크림을 폭신한 부셰('한 입 크기'라는 프랑스어로, 겉은 파삭하고 속은 부드러운 질감의 타원형 스펀지케이크에 잼이나 크림을 샌드한 구움과자)에 샌드했다. 진한 바닐라 아이스크림을 비롯해 말차, 딸기, 초콜릿 맛 등 네 종류를 선보이고 있다. 50년 전 출시 때부터 변함없는 맛으로 인기.

ビスくん

エイサク飴

味カレー

欧风菓子
クリーム・パピロ

ハッカ飴

급식으로도 친숙하다! 포장도 귀여운 **지역 우유**

학교급식이라고 하면 역시 우유. 패키지를 보는 것만으로 당시의 급식 풍경을 떠올리게 될지도. 여기서는 학교급식으로 친숙한 각지의 우유 가운데, 패키지가 귀엽고 개성 있는 지역 우유를 골라 소개한다!

미에

오우치야마우유 오우치야마규뉴 大内山牛乳

오우치야마낙농

1960년부터 학교급식에 채택되어, 지금은 미에현 내 60% 이상의 학교에서 마시고 있다. 귀여운 소가 그려진 목장 일러스트는 미에현 주민이라면 누구나 아는 오우치야마우유의 상징.

마루토우유 まると牛乳

도나미유업

정감 가는 낙농 목장 일러스트가 따스한 느낌의 마루토우유. 1970년 도나미 인근 우유 처리 가공업자들이 세운 도나미유업협업조합의 제품으로, 학교급식으로도 친숙하다. 아래는 쇼와시대의 포스터.

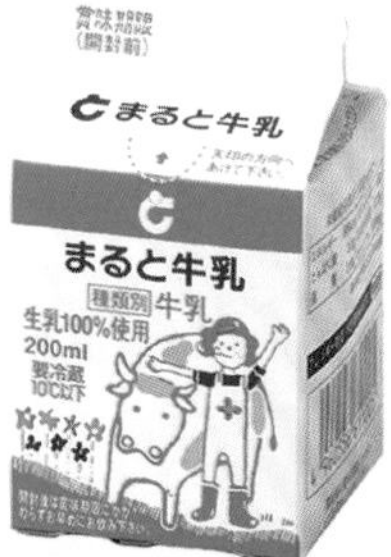

교토

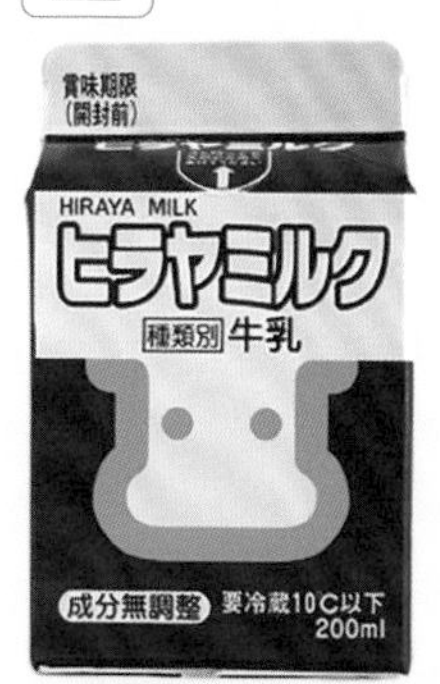

히라야밀크 히라야미루쿠 ヒラヤミルク

히라바야시유업

단고 지역의 우유, 긴키 지역 북쪽의 우유로 사랑받고 있다. 패키지의 우유 마크는 히라바야시의 'ひ'를 이용한 디자인.

돗토리

시로바라(백장미)우유 시로바라규뉴 白バラ牛乳

다이센유업

돗토리현산 생유를 100% 사용한 성분 무조정 우유는, 돗토리현 주민의 소울드링크로 불릴 만큼 널리 사랑받는 롱셀러 상품. 수많은 유제품에는 낙농가의 마음이 듬뿍 담겨 있다.

야마가타

다무라우유 타무라규뉴 田村牛乳

다무라우유

쇼나이 평야산 100% 우유는 쇼나이 지방의 학교급식으로 친숙하다. 우유를 손에 쥔 어린아이 로고가 트레이드마크다!

지바

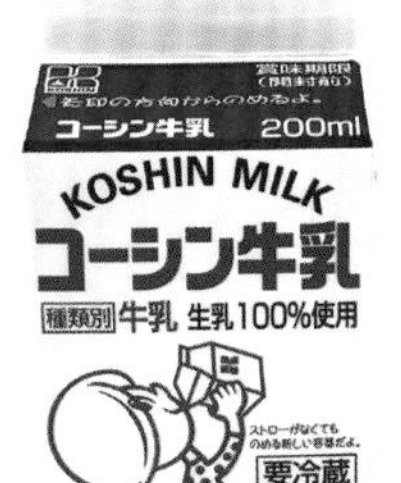

고신우유 코신규뉴 コーシン牛乳

고신유업

학교급식으로 친숙한 미니 팩 우유. 패키지의 여자아이는 우유를 단숨에 마시는 것이 특기인 아홉 살 피로코짱.

나가노

홋카이도

베쓰카이의 우윳가게 삼각 팩

베쓰카이노규뉴야산 산카쿠팟쿠 べつかいの牛乳屋さん 三角パック

베쓰카이유업흥사

일본 제일의 생유 생산량을 자랑하는 베쓰카이초. 그 '밀크 왕국 베쓰카이'의 우유로, 삼각 팩 생산은 약 50년 전부터 시작했다.

야쓰가타케 노베야마 코겐 3.6 우유

야쓰가타케 노베야마 코겐 산텐로쿠 규뉴 八ヶ岳野辺山高原 3.6 牛乳

야쓰렌

포장 디자인은 1975년 출시 때부터 동일하다. 기차 일러스트와 연기에 적힌 '슛슈폿포(일본어로 칙칙폭폭)'라는 글자에서 '슛슈폿포 우유' '폿포 우유'라는 애칭으로 불리며 사랑받고 있다.

에히메

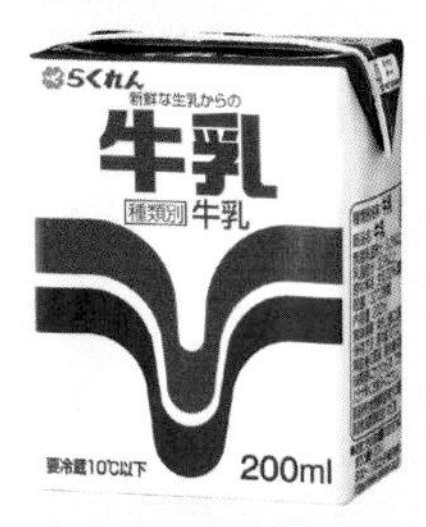

라쿠렌우유 라쿠렌규뉴 らくれん牛乳

시코쿠유업

1969년 당초에는 병 우유로 학교급식에 등장했다. 빨간색과 파란색의 심플한 디자인으로 패키지 전체와 로고 모두 레트로한 멋이 있다.

오이타

미도리우유 미도리규뉴 みどり牛乳

규슈유업

규슈유업의 브랜드 우유인 미도리우유는 1964년에 탄생했다. 사진은 오이타현의 학교급식에서도 마시고 있는 소용량 사이즈.

지바

후루야우유 후루야규뉴 フルヤ牛乳

후루타니유업

지바현의 학교급식으로 친숙한 후루야우유. 1987년경에 채택된, 빨간색과 파란색 원으로 디자인한 후루야 마크가 특징이다.

시마네

기스키패스처라이즈우유

키스키파스차라이즈규뉴 きすきパスチャライズ牛乳

기스키유업

생유의 천연성을 최대한 살린 맛있는 패스처라이즈우유. 노란색과 빨간색의 개성 있는 배색과 로고 디자인도 인상적이다.

호쿠리쿠의 소울푸드!
가가 지역에서 탄생한 튀긴 아라레

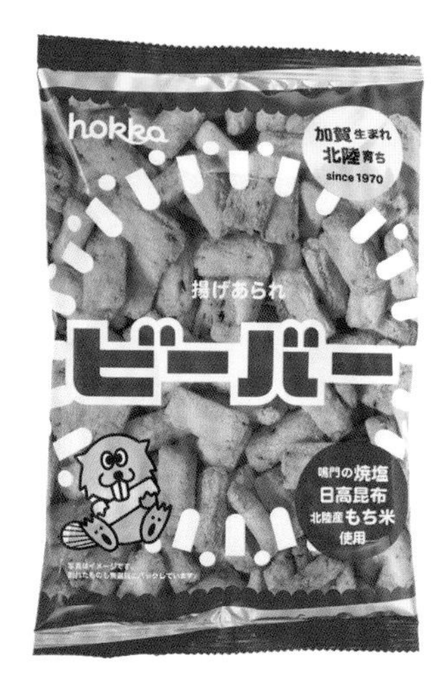

오사카 만국박람회 캐나다관에서 선보였던 비버 인형(왼쪽). 비버의 이빨과 과자 모양이 닮은 데서 상품명과 캐릭터가 '비버'로 정해졌다.

바삭바삭한 식감에 다시마의 감칠맛으로 가득한 튀긴 아라레 비버. 호쿠리쿠산 찹쌀과 히다카 다시마를 잘 반죽한 뒤 나루토의 구운 소금으로 맛을 낸 아라레는 중독될 정도로 맛있다. 1970년 출시되었으나 한때 제조업체가 도산하며 가게에서 모습을 감추었다. 그러다 당시 레시피와 제조법을 충실히 이어받은 호쿠리쿠제과 덕에 2014년에 멋지게 부활했다.

예전 패키지

이전 제조업체에서 판매했던 비버의 역대 포장. 현재 캐릭터에는 얼굴에 그려져 있던 세로줄이 없어지고, 허벅지가 통통해졌다.

1970년경~

2005년경~

2009년경~

2012년경~

니가타현 주민에게 친숙한 아라레
인기가 너무 많아 니가타 한정!?

샐러드호프 사라다호푸 サラダホープ 니가타
가메다제과

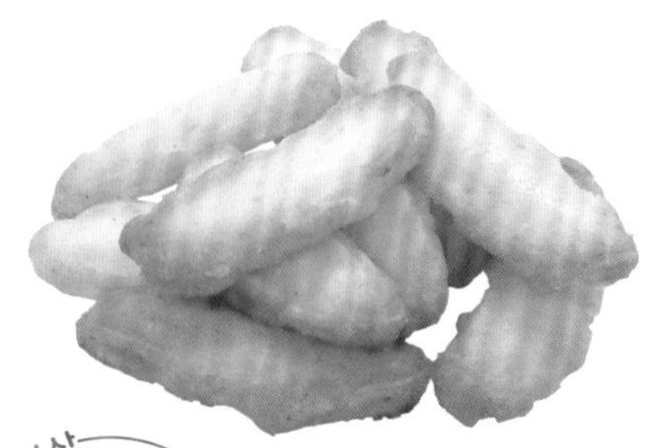

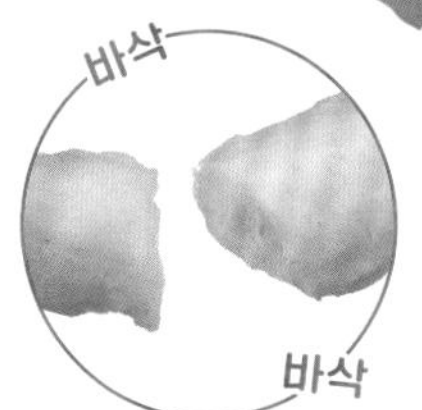

100% 찹쌀로 만든 바삭한 과자와 순한 짠맛이 멈출 수 없는 맛의 비결. 당시에는 길쭉한 모양도 신선했다.

1961년

예전 패키지

서양식으로 하고자 상품명에 '샐러드'라는 단어를 넣었다. 가타카나와 영어를 사용한 포장은 발랄하고 참신하다.

샐러드유를 바른 뒤 소금을 묻힌, 한 입 크기의 길쭉한 샐러드호프. 니가타현 주민들에게는 친근한 아라레다. 1961년 출시되어, 현존하는 가메다제과의 상품 중에서도 가장 오랜 역사를 자랑한다. 출시되자마자 전국에서 품절이 속출하면서 제조 속도가 판매 속도를 따라잡지 못해 니가타현 이외의 지역에서는 판매를 중단했고, 니가타현 한정 판매로 전환되었다.

전국구 상품들도 대박 롱셀러!

1976년

1966년

1967년

친숙한 과자들은 모두 반세기 정도의 역사를 지녔다. '♪가메다의 아라레·오센베이' 광고는 1969년부터.

(위쪽)샐러드호프 출시 당시의 제조 풍경. 당시에는 고급품이던 샐러드유를 사용한, 살짝 호화로운 서양식 아라레로 탄생했다.

오사카 서민 동네에서 태어난 소박한 맛

만게쓰폰 満月ポン 오사카
마쓰오카제과

예전 패키지

'만게쓰폰'이라는 명칭이 붙은 후의 포장. 토끼해를 앞둔 1998년, 지금과 같은 토끼 일러스트가 들어갔다.

달콤 짭짤한 간장 맛으로, 노릇노릇하게 구워낸 바삭한 식감의 센베이. 한 장 한 장 직접 만들어서 모양과 두께가 제각각인 점도 매력적이다. '폰센'(왼쪽 위)은 마쓰오카제과가 문을 연 1958년, 원래 막과자 가게에서 낱개로 팔던 것과 똑같은 큼직한 사이즈다.

아이치에서 사랑받은 지 반세기

포장 일러스트와 비슷한, 도드라진 새우 모양이 양면에 들어가 있다. 가벼운 식감으로 한 번 먹으면 멈출 수 없다!

살짝 매콤한 간장 맛으로, 해산물 향이 감도는 정겨운 맛의 에비타이쇼. 아이치현을 중심으로 판매하며, 출시한 지 약 45년 된 가와사의 최고 인기 상품이다. 간장 향과 더불어 은은히 풍기는 참깨 풍미도 특징이다.

김 내음 풍부한 소용돌이

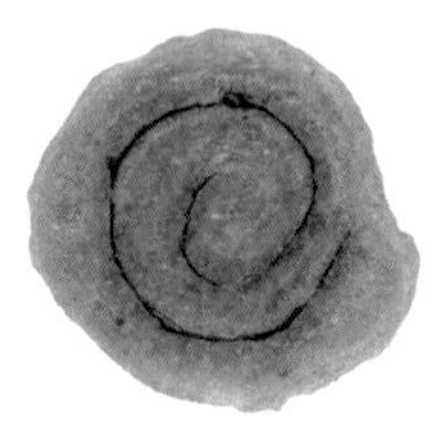

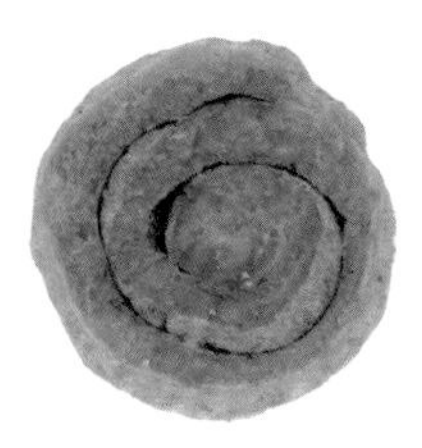

바다 향 가득 김 맛이 제대로 느껴지는, 소용돌이 모양으로 말린 우스야키센베이. 정성껏 두 번 구워 연간장으로 완성한, 고급스러운 맛의 우즈시오(소용돌이 조수). 파삭파삭 경쾌한 식감으로 출시한 지 약 20년 동안 안정적인 인기를 자랑하고 있다.

'다마센'으로도 친근!

오반야키 大判焼 아이치

가와사

세로 22cm, 가로 12cm, 두께 2mm 정도의 큼직한 우스야키센베이. 새우를 넣어 향긋한 바다 풍미와, 바삭바삭한 식감에 중독되는 맛이다. 이전에는 '오반(에도시대에 사용되던 금화)야키'라고 적힌 주머니 형태의 포장이었으나, 2020년경에 지금과 같은 모습으로 바뀌었다.

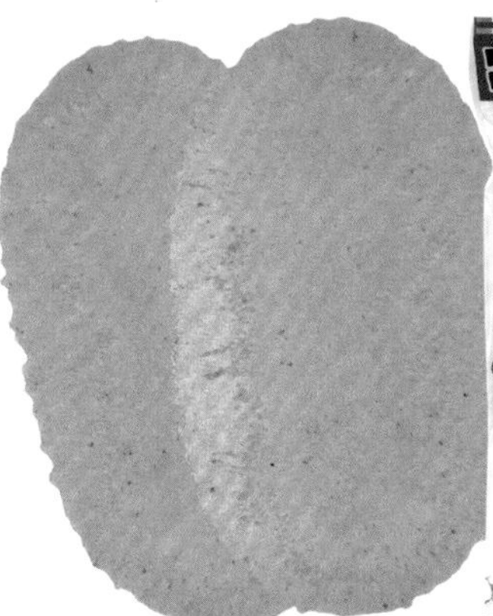

축제나 오코노미야키 가게에도! 아이치현 주민에게 친숙한 다마센

아이치현에서는 녹색의 날이면 가게에서 볼 수 있는 다마센. 오반야키에 오코노미야키 소스를 바르고, 튀김 부스러기와 얇게 부친 달걀말이를 올린 후 마요네즈를 뿌린다. 오코노미야키 가게에서도 나오는 아이치현 주민들의 소울푸드다.

잠깐의 휴식 때
간식이나 간단한 식사로도!
먹는 방법도 천차만별

아라레/나마아라레 あられ / 生あられ 미에

마루하치모치텐

다과로는 물론
자기만의 방식으로

'아라레차즈케(차즈케는 주로 쌀밥에 차를 부어 먹는 음식)'는 유명하지만, 다시마차나 설탕물, 수프나 커피에 넣는 경우도 있다. 간편하고 든든해서 어업에 종사하는 현지 사람들에게는 휴식 시간에 먹는 대표적인 간식이다.

입에 넣으면 쌀 냄새가 퍼지는 소박한 맛의 아라레. 볶은 참깨, 건새우, 매실 차조기 장아찌, 파래 맛 등이 들어가 있으며, 모두 풍미가 가득하다. 품이 많이 드는 자연 건조로, 겨울철에만 제조한다. 한정 수량으로 현지 소비가 대부분이다. 흰색, 초록색, 빨간색, 노란색 등 4색은 사계절을 건강하게 지내길 바라는 의미도 담겨 있다.

나마아라레

나마아라레 生あられ

굽기 전 상태로 판매되는 나마(생) 아라레. 전자레인지에 돌리면 부풀어 오르고, 토스터에 넣으면 바삭하게 구워진다. 천천히 익는 스토브나 화로구이도 추천.

굽고, 튀기고, 볶고?
선호하는 조리법으로!

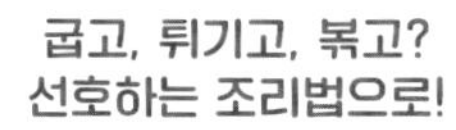

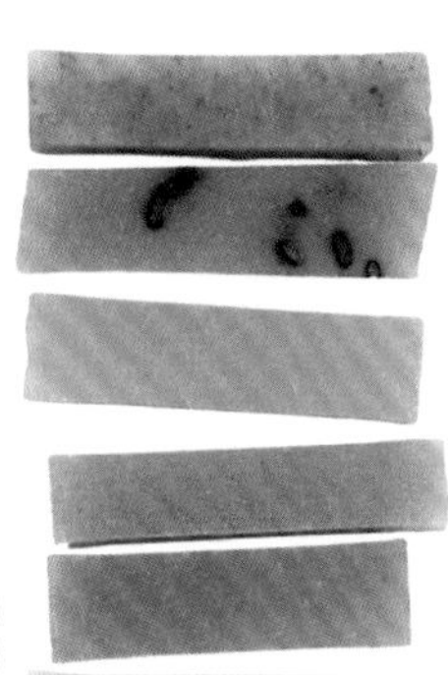

오븐 토스터로
바삭바삭 갓 구운 맛!

5분 예열한 토스터에서 2~3분. 곧바로 부풀기 시작해, 노릇해질 무렵에는 좋은 향이 피어오른다. 잔열에 1~2분 익혀 완성하는 것이 포인트.

색도 향도 풍부한 다섯 가지 맛

유키구니아라레 雪国あられ 니가타
유키구니아라레

흰 아라레는 밥, 새우와 대두는 단백질, 파래와 다시마는 비타민과 미네랄, 식이섬유 등 영양균형을 생각한 조합.

레트로한 디자인의 틴 케이스는 선물용으로도!

바삭하고 가벼운 식감으로 쌀의 단맛이 느껴지도록 스야키(간을 하지 않고 구운 것)한 것. 바다 내음 가득한 새우와 파래 3종의 아라레에 볶은 대두와 구운 다시마가 한 봉지에. 1960년경 출시된 니가타의 대표 아라레.

통통하게 구워진 특유의 식감

고로모치 ころもち 나라
다카야마제과

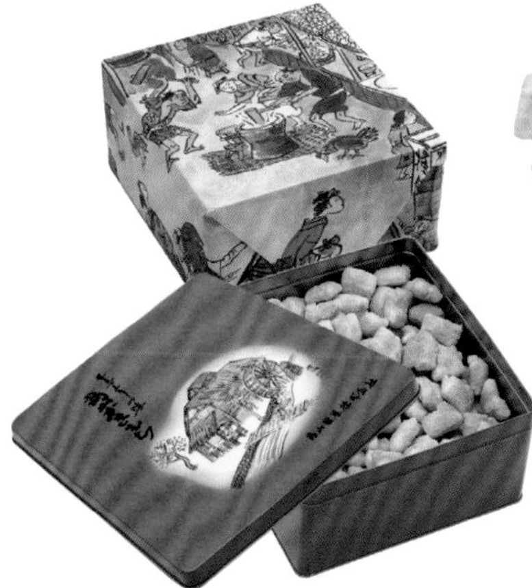

특수한 구이 솥을 사용해서 두툼한 반죽도 통통하게 구워져, 다른 곳에서는 맛볼 수 없는 식감을 탄생시키는 데 성공했다.

약간 큼직한 사이즈로, 오독하고 바삭한 식감과 달콤하고도 짭짤한 맛에 계속 손이 간다. 엄선한 찹쌀은 오랜 세월 찾아다닌 끝에 규슈 사가현산으로 정착했다. 시행착오를 거듭하다 1985년 완성한 독자적인 제조법의 맛. 문을 연 것은 1950년이다.

이가 닌자의 휴대식량!?
'일본에서 제일 딱딱한' 센베이

원조 가타야키 元祖かた焼き

이가카안야마모토

'일본에서 가장 딱딱한' 것으로 알려진 센베이 '원조 가타야키'. 그 옛날 이가 지역의 닌자가 적의 집에 숨어들어 몸을 감추고 있거나 할 때, 부스러기가 적고 자양분이 많은 식량으로써 지니고 다녔다. 1852년 문을 연 이가카안야마모토에서는 초대 점주가 고안한 장시간 숙성 제조법을 지키며, 가타야키를 지금까지 전해왔다.

나무망치로, 가타야키끼리 부수자!

와작

와자작

1975년경부터 나무망치 세트도 판매했다. 나무망치로 깨부숴 잠시 입안에 머금고 있다 먹어보자. 센베이끼리 부숴도 좋다.

대형 사이즈에 수리검 모양도! 형태도 맛도 각양각색

참깨, 파래 가루, 호두 등 가타야키의 맛은 여섯 종류. 보통 크기의 20배나 되는 초대형 가타야키, 마름쇠, 수리검 모양도 있다.

미에현산 밀가루를 100% 사용했다. 약 한 시간 동안 한 장 한 장 손으로 직접 구워낸다. 반죽의 배합·도구·굽는 방법 등은 160년간 이어져오고 있다.

밀가루와 땅콩의 소박한 맛

다이요도노 무기센베이 太陽堂のむぎせんべい

후쿠시마

다이요도무기센베이혼포

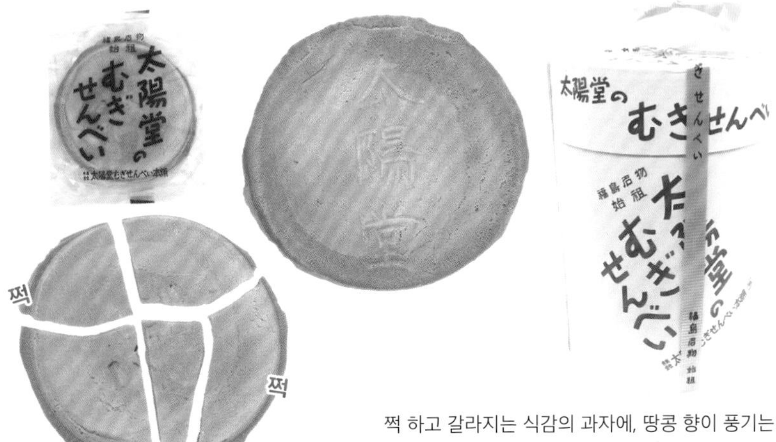

원재료에 달걀을 넣지 않아 '쩍쩍' 재미있고 깔끔하게 금이 간다. 그 딱딱함까지 기분 좋은 소박한 맛의 센베이다.

쩍 하고 갈라지는 식감의 과자에, 땅콩 향이 풍기는 '다이요도노 무기센베이'. 그 이름대로(일본어로 밀은 '무기') 심플한 밀가루 센베이로, 씹을수록 밀의 단맛이 입안에 퍼진다. 1927년 문을 연 이래, 한 장 한 장 손으로 굽고 있다.

향이 풍부한 수제 아라레

고치

다마야

아작하고 바삭한 가벼운 식감으로, 아작아작 계속 먹게 되는 중독적인 맛. 현재는 점주 혼자 수작업으로 만들기 때문에 점포 판매만 하고 있다.

숯불에 구운 도사 지역의 명물 다마아라레. 동글동글 동그란 모양이라 언뜻 보면 콩과자 같지만, 찹쌀이 원료인 소박한 아라레다. 표면에 설탕을 묻히고 김과 생강으로 풍미를 낸 향긋한 화과자다.

네모나고 큼직해서 '다이카쿠(대각)' 30년 이상 사랑받아온 롱셀러

실한 두께로 한 장만 먹어도 든든한 크기. 내용량은 120g으로, 일반적인 봉지 과자보다 한층 크다.

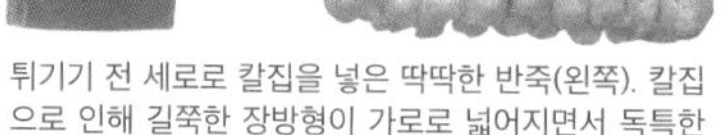

튀기기 전 세로로 칼집을 넣은 딱딱한 반죽(왼쪽). 칼집으로 인해 길쭉한 장방형이 가로로 넓어지면서 독특한 요철이 생긴다.

적당한 짭짤함과 사박사박한 식감이 중독적인 추억의 맛. 스테비아를 감미료로 사용해, 은은하게 느껴지는 산뜻한 달콤함에 손을 멈출 수 없다. 반죽은 고온의 유채 기름에 튀긴 뒤 맛을 입히는데, 튀기기 전에 하룻밤 쪄서 말린다. 이 공정이 반죽 상태를 좋게 해서 중독적인 식감이 만들어지는 것이다.

배로 건조가 승부수! 다이카쿠가 완성되기까지

(위쪽)아홉 시간에 걸쳐 쪄서 말리는 작업을 하는 '배로 건조기(아래에서부터 약한 열로 가열해 건조)'. 반죽에 함유된 수분량을 균일하게 만들고, 튀겼을 때의 부푼 정도를 조정한다.

(왼쪽 위부터)프라이어에 투입된 반죽은 순식간에 부풀어 오른다. (왼쪽)기름에서 건져 맛을 입힌 뒤 식히면 완성.

세로 약 45cm의 특대 패키지!

오반 大判 에히메

도요제과

실물 크기

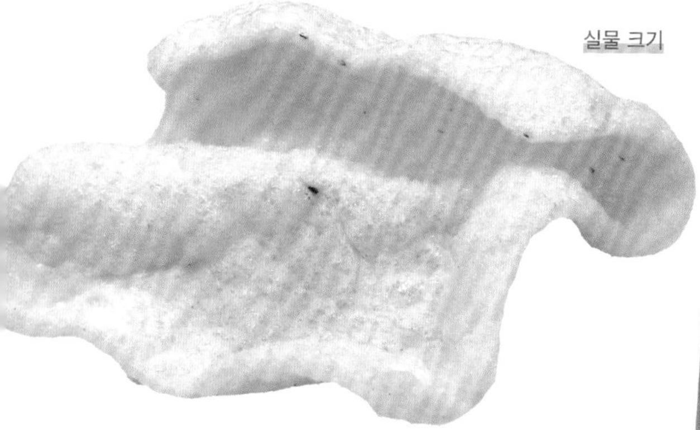

도요제과는 1963년부터 '아라레'를 중심으로 제조·판매를 시작했다. 개업 때부터 맛을 이어온 '버터아라레'(왼쪽) 등 골수팬이 많다.

파삭한 가벼운 식감으로, 입안에서 눈 깜박할 사이에 녹으면서 과자의 풍미가 퍼진다. 1970년대 이전부터 이어져온 기름과자로, '금 오반처럼 빛나는 과자가 되길' 바라는 마음에서 '오반'이라는 이름을 붙였다. 과자도 크지만, 거대한 봉지가 유달리 눈길을 끈다.

하�고 커다래서, 마치 괴물(오바케)!?

오바케센베이 おばけせんべい 후쿠시마

니혼메구스리노키혼포

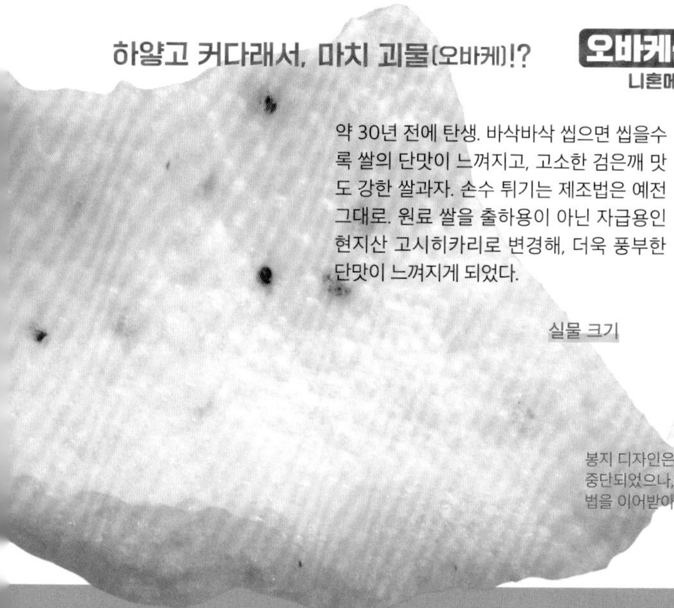

약 30년 전에 탄생. 바삭바삭 씹으면 씹을수록 쌀의 단맛이 느껴지고, 고소한 검은깨 맛도 강한 쌀과자. 손수 튀기는 제조법은 예전 그대로. 원료 쌀을 출하용이 아닌 자급용인 현지산 고시히카리로 변경해, 더욱 풍부한 단맛이 느껴지게 되었다.

실물 크기

봉지 디자인은 출시 초기와 거의 똑같다. 한때 제조가 중단되었으나, 많은 팬이 아쉬워하자 이곳에서 제조법을 이어받아 생산이 재개되었다.

한 장씩 정성스레 접어 굽는 은은한 단맛의 센다이 구움과자

아지지만 味じまん 미야기

아지지만제과

독특한 식감은 반으로 접은 덕

바삭바삭, 와삭와삭한 식감의 반죽 위에는 부순 땅콩이 듬뿍! 견과류를 좋아하는 사람도 대만족할 맛이다.

땅콩 향이 퍼지는 은은한 단맛의 예스러운 밀 센베이 아지지만. 현지의 신선한 달걀, 생땅콩 등 원재료와 식재료의 신선도에 무척 신경 쓰고 있다. 1976년 출시되었다가 동일본대지진으로 제조업체가 폐업 위기에 처했었다. 그러나 '다시 먹고 싶다'라는 성원에 보답하며 1년 뒤에 회사명을 바꿔 생산을 재개, 인기 과자를 부활시켰다!

'겹친 아쓰야키(두껍게 구운 센베이)'의 정성으로 푸슬푸슬 부서지는 절묘한 식감을 탄생시키다

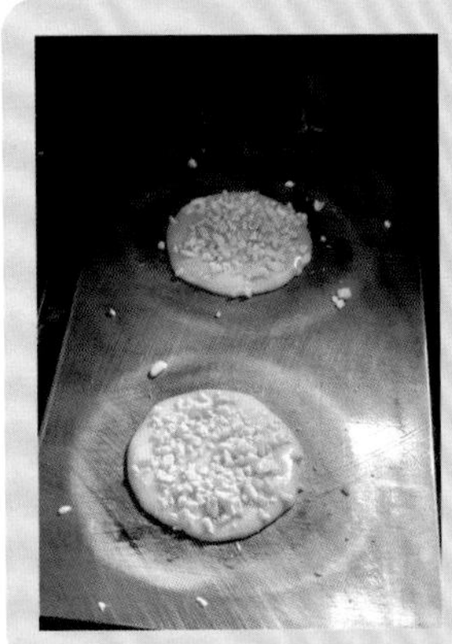

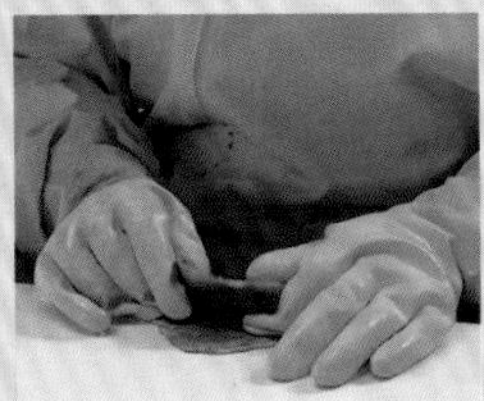

(왼쪽)반죽을 얹고 부순 땅콩을 위에 올려 구워낸다. (가운데)구워낸 센베이를 뜨거울 때 손수 반으로 접는 '겹친 아쓰야키'. (오른쪽)포장하면 완성!

'고쿠라기온다이코'(기타큐슈시 고쿠라에서 열리는 축제이자 그때 사용하는 북을 가리킴)를 형상화

다이코센베이 太鼓せんべい

나나오제과

후쿠오카

땅콩은 일반적인 길쭉한 땅콩이 아니라, 센베이에 어울리는 작고 동그란 것을 사용. 생땅콩을 자사에서 볶는다.

쿠키 같은 반죽에 고소한 땅콩을 올린 다이코센베이. 물을 넣지 않고 밀가루와 달걀로만 반죽해서 구워낸, 유럽식 아쓰야키 센베이다. 1978년 출시 이래, 포만감 있는 센베이로 인기.

신선한 달걀이 듬뿍!

게이란랏카세이센베이 鶏卵落花生せんべい

산유도제과

후쿠오카

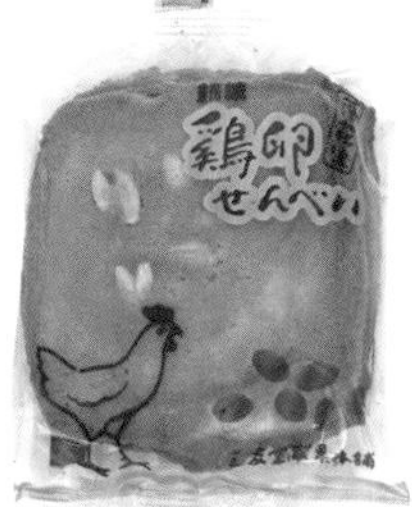

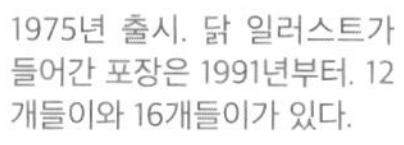

1975년 출시. 닭 일러스트가 들어간 포장은 1991년부터. 12개들이와 16개들이가 있다.

바삭바삭한 식감에 단맛이 적은 게이란(달걀)랏카세이(땅콩)센베이. 신선한 달걀을 사용한 반죽에 땅콩이 들어가 예스럽고 소박한 맛이다. 1912년 문을 연 산유도제과는 기온과 습도에 따라 화력을 조절하며, '타기 일보 직전'의 상태로 구워낸다.

소박한 맛을 추구!
헤이세이시대 태어난 이들에겐 추억의 풍미

하치미쓰프라이

하치미쓰후라이
蜂蜜フライ

시마네

마쓰자키제과

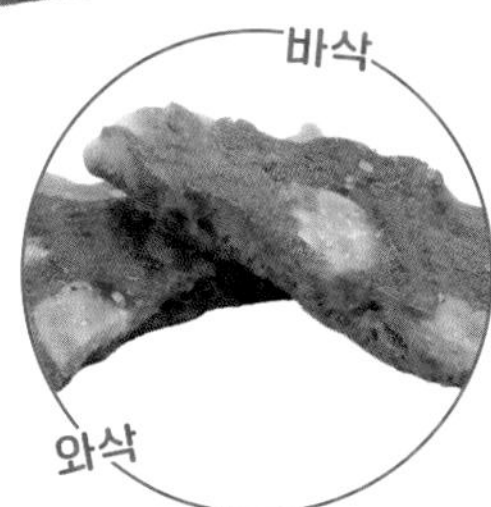

고소하고 달콤한 센베이와 천일염으로 맛을 낸 프라이빈스가 어우러지며, 씹을수록 콩의 감칠맛도 퍼진다.

먹기 좋은 한 입 크기로 만들어, 마쓰자키제과만의 독자적인 제조법으로 구워낸다. 고급스러움이나 멋스러움보다 언제든 먹고 싶은 친근한 맛을 추구한다.

비법으로 사용된 벌꿀과, 잠두콩을 건조시켜 기름에 튀긴 콩과자 '프라이빈스'가 듬뿍 들어가, '하치미쓰(벌꿀)프라이'라는 이름으로 출시되었다. 벌꿀의 순한 단맛과 가벼운 짠맛이 환상적으로 어우러져, 바삭바삭 와삭와삭 한번 먹기 시작하면 멈출 수 없다. 2004년 출시되었으나, 예스러운 소박한 맛 덕에 현지에서 인기가 높은 간식이다.

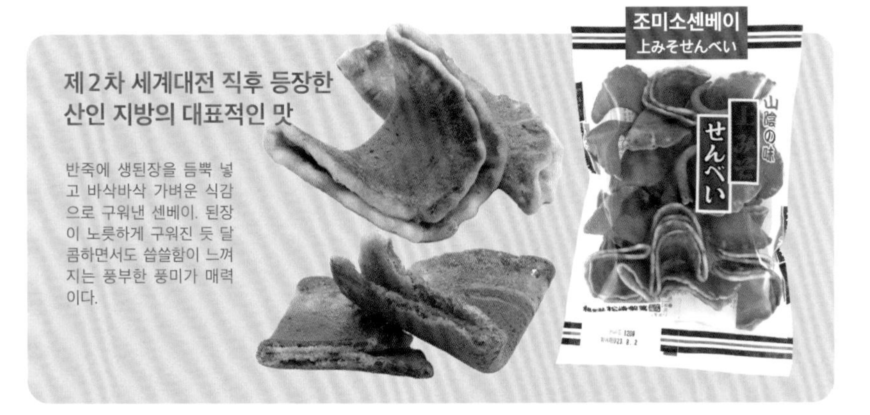

제2차 세계대전 직후 등장한 산인 지방의 대표적인 맛

반죽에 생된장을 듬뿍 넣고 바삭바삭 가벼운 식감으로 구워낸 센베이. 된장이 노릇하게 구워진 듯 달콤하면서도 씁쓸함이 느껴지는 풍부한 풍미가 매력이다.

찌릿하고 상쾌한 매콤함! '돗토리의 맛' 쇼가센베이

쇼가센베이 生姜せんべい 돗토리
조호쿠타마다야

굽이치는 모양의 센베이에 흰 물결 같은 생강 꿀을 묻혔다. 동해의 거센 파도를 형상화한 독특한 모양으로, 별칭 '나미쇼가'(파도 생강)라고도 불린다.

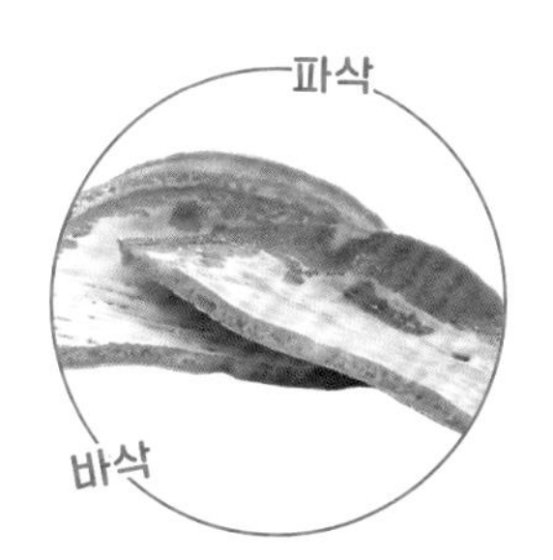

찌릿하고 상쾌한 맵싸함과 입안에서 살살 녹는 것이 특징인 중독적인 맛. 1920년 문을 연 조호쿠타마다야의 쇼가(생강)센베이는 돗토리의 대표적인 맛으로 알려져 있다. 파삭한 식감도 매력 있지만, '일부러 눅눅하게 만들어서 먹는 걸 좋아한다'는 현지인도 의외로 많다고. 돗토리현 내의 몇 군데 점포에서만 판매하기 때문에 연일 품절되는 인기 센베이다.

센베이가 완성되기까지 한 장 한 장 정성스레 수작업

공들여 구운 센베이를 손으로 구부린 후 테두리를 잘라낸다. 거기에 돗토리현산 생강으로 만든 맵싸한 자체 제조 생강 꿀을 한 장씩 정성스레 솔로 발라나간다. 이것이야말로 장인의 기술!

버터 풍미의 유럽식 센베이

피케에이트 피케에토 ピケエイト **미에**

마스야

1972년

예전 패키지

1972년 출시 초기부터 타탄체크를 기조로 한 디자인. 도카이 지방을 중심으로 판매하는 지역 한정상품이다.

향긋하고 깊은 맛의 홋카이도 발효 버터를 아낌없이 사용한 소금 버터 센베이. 표면이 물결 모양이라 두렁을 나타내는 프랑스어 '피케'가 붙었고, 연구 스태프 여덟 명이 개발해서 '에이트'가 붙어 '피케8'라는 상품명이 되었다.

남국 가고시마의 콩과자

스즈메노갓코·스즈메노타마고/난고쿠친친마메 雀の学校·雀の卵 / 南国珍々豆 **가고시마**

오사카야제과

달콤 짭짤한 간장 맛이 특징인 가고시마현의 콩과자. 현지의 무첨가 본양조 간장(일본에서 가장 대중적인 제조 방식으로, 대두, 밀, 종곡 등으로 만든 효모에 소금물을 넣고 숙성·발효시키는 방식) 등 여러 종류의 간장을 블렌딩해, 거기에 일본에서 제조한 조당(정제하지 않은 설탕)을 넣은 비법 양념에 공들였다. 가고시마현 재료를 고집한 추억의 맛.

(왼쪽)반죽을 입힌 작은 땅콩을 볶아, 살짝 매콤한 간장 맛으로 완성시킨 난고쿠(남국) 친친마메. (오른쪽)메이지시대부터 있었던 스즈메노타마고(참새 알)를 작은 봉투에 넣은 스즈메노갓코(참새 학교)·스즈메노타마고. 모두 맛있다!

달콤~한 물엿이 들어간 센베이!?

아메센 あめせん

홋카이도

마쓰우라상점의 아메센은 네모나게 쪼개기 쉽도록 홈이 파여 있으며, 참깨와 땅콩 두 가지 맛이 있다. 가게에 따라서는 동그란 센베이도 있다.

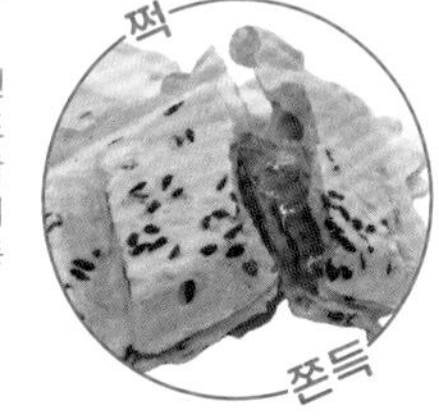

약간 두툼한 센베이를 쩍 하고 쪼개면, 안에는 실처럼 늘어나는 물엿이 듬뿍. 손수 구운 센베이에 물엿을 채운 아메센은 주로 홋카이도나 아오모리현에서 사랑받는 지역 간식이다. 어딘가 정겹고 중독되는 맛.

한 장씩 수작업으로 물엿을 샌드한다

두툼하게 구워낸 밀가루 센베이에 수작업으로 물엿을 채워넣는다. 1960년대 이전, 아메센은 대표적인 막과자였다.

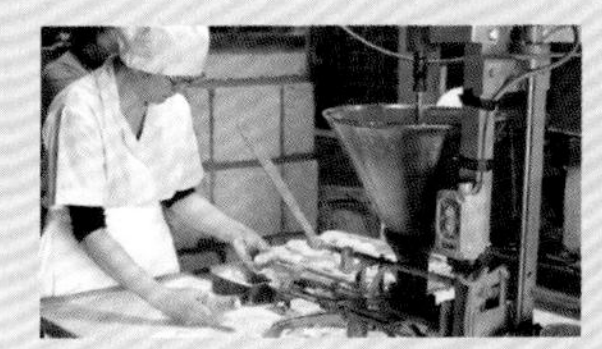

전분으로 만든 홍백 센베이

덴푼센베이 でんぷんせんべい
마쓰우라상점

마쓰우라상점에서는 50년 이상 재료를 중시하며 변함없는 맛을 지켜오고 있다. 센베이에는 '오샤만베 명물'이라는 글자와 게 그림이 찍혀 있다.

난부센베이(44쪽)와 비슷한 모양이지만, 색은 새하얀 색과 연핑크색인 덴푼(전분)센베이. 원재료는 감자전분이다. 파삭한 식감으로, 어렴풋한 달콤함이 느껴지는 그야말로 소박한 맛이다. 조청 등을 찍어 먹어도 맛있다.

달콤 짭짤한 특제 간장 맛에 자꾸 손이 간다!

가메센 亀せん **구마모토**
아지야제과

보기에는 울퉁불퉁하지만 입에서 녹는 맛과 특제 간장의 향, 적당한 단맛이 중독적이다.

심혈을 기울인 달콤 짭짤한 특제 간장 양념으로 맛을 낸, 사박사박한 식감의 밀 센베이. 아지야제과는 1968년부터 가메(거북)센을 제조하기 시작했다. 맛은 물론, '가메亀' 자를 일러스트화해서 만든 레트로한 포장 디자인도 출시 초기와 똑같다.

와드득한 식감이 중독된다!

장수를 의미하는 거북 등딱지 모양으로, 먹으면 와드득 하고 좋은 소리가 난다. 매실 풍미의 우메코가메(매실 작은 거북)도 달콤 새콤해서 맛있다!

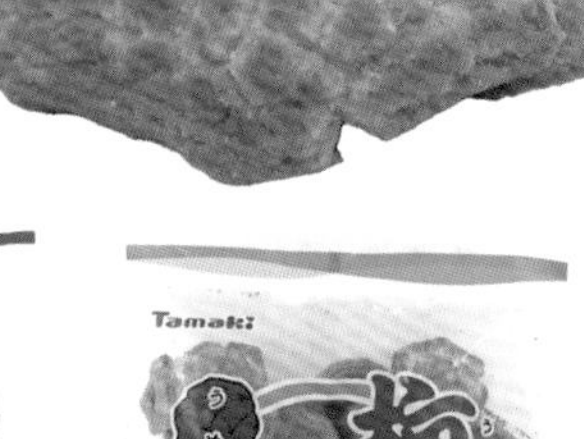

아지카메

우메코가메

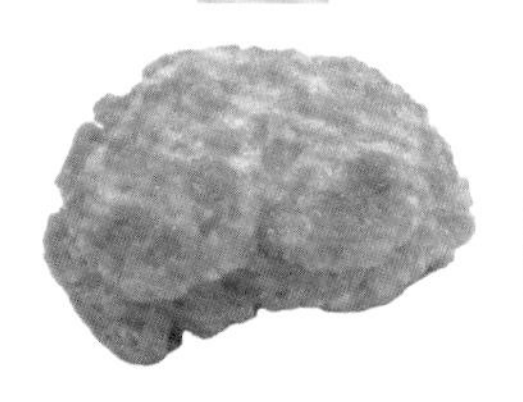

맛과 식감이 독특하고도 심플한 밀 센베이. 하에바루초에 위치한 다마키제과에서는 1976년부터 단간장 맛의 아지카메를 제조했다. 당시에 밀은 황금처럼 빛나 보일 정도로 귀한 먹거리였다고 한다.

현지 간식 디자인 갤러리③

炭火煎り

土佐名物

王あられ

手造り一筋壱百年

北海道特選

元祖

でんぷんせんべい

鶏卵落花生
せんべい
Egg & Peanut
Delicious Senbei

お子様のおやつに水あめを
つけると喜ばれます。

온천지의 지역 센베이

취재·글 고바야시 료스케

일본의 온천지 개수와 원천源泉의 총수는 세계에서 가장 많은 것으로 여겨지며, 일본 내에 숙박시설을 갖춘 온천지는 약 3000곳이나 된다고 알려져 있다. 온센(온천)만주와 더불어 센베이도 대표적인 인기 선물이다.

벳푸 온천 **오이타**

온센시코미센베이 温泉仕込みせんべい

고토제과

오이타현 벳푸시의 온천수를 사용한 직경 약 45mm, 두께 약 3mm의 미니 사이즈 센베이. 밀가루나 유기농 가보스(감귤류의 일종) 과즙, 금깨 등은 오이타현산이다. 문을 연 지 100년 된 노포 센베이 가게에서 만드는, 오이타의 매력을 가득 담은 과자.

고하마·운젠 온천 **나가사키**

유센페이 湯せんぺい

미야케상점

온천수에 밀가루, 달걀, 설탕을 넣고 반죽해 구워냈다. 직경 약 105mm, 두께 약 5mm의 큼직한 크기에 바삭바삭 가벼운 맛. 1884년 출시 이래, 나가사키현 주민에게 '고하마센베이'로 불리며 사랑받고 있다.

일본에 현존하는 가장 오래된 문헌인 《고지키》나 《니혼쇼키》에도 기술되어 있듯, 일본 열도는 온천의 천국이다. 헤이안시대 편찬된 《만요슈》에도 유가와라 온천이나 가미노야마 온천이 등장할 정도니, 일본인이 예로부터 온천을 좋아했다는 사실은 틀림없다. 온천 중에서도 탄산이 함유된 탄산천은, 음용하면 위액분비를 촉진해 식욕을 증진하는 효과가 있다고 알려져 있다. 이처럼 몸을 담그는 것뿐만 아니라 온천수를 '마시는' 문화도 예전부터 존재했다. 이윽고 메이지시대 초기부터는 일본 각지에서 탄산 함유 여부에 상관없이, 온천수로 밀가루나 달걀 등을 풀어 반죽한 '온센센베이'가 만들어지게 되었다.

일본에서 가장 오래된 온천 세 곳 중 하나인 효고현 아리마 온천의 탄산센센베이가 비교적 이른 시기에 만들어진 것으로 추정된다. 또 나가사키현 운젠시의 고하마 온천에서는 구 시마하라번의 번주인 마쓰야마 공이 '고하마 온천수가 몸에 좋으니 만들게 했다'고도 전해진다. 그뿐만 아니라 메이지시대 말기에 대만의 장제스와 장칭이 일본에 망명해왔을 때, 고하마 온천에 머물며 유센페이를 좋아하게 됐다는 기록도 있다.

온센만주와 더불어 온천지의 단골 선물로, 각지의 차이를 즐기는 것도 하나의 재미다.

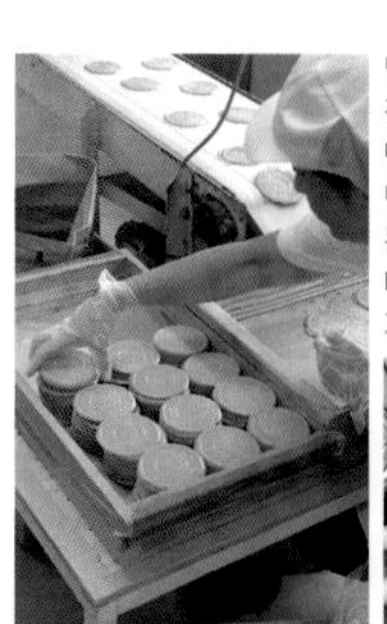

밀가루, 설탕, 달걀과 온천수로 만들어진다. 새먼핑크색 캔에 든 탄산센베이는 대표적인 미에 지역 선물이다.

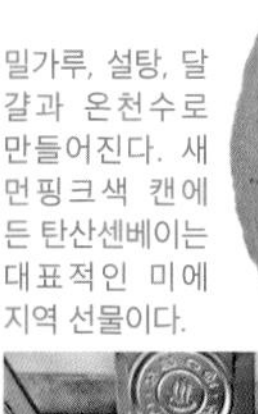

유노야마 온천 미에

유노하나센베이 湯の花せんべい

히노데야제과

알맞은 달걀 풍미와 바삭바삭한 식감을 자랑한다. 직경 약 90mm, 두께 약 3mm로, 1957년 문을 연 이래 반세기 넘게 변함없는 제조법을 지켜오고 있다. 고자이쇼 로프웨이나 오이시바시 다리가 그려진 레트로한 포장 디자인도 그대로다.

'조슈 명과 이소베 센베이 풍미 가량'이라는 글자가 각인되어 있다. 전국과자대박람회장상 수상.

이소베 온천 군마

이소베센베이 いそべせんべい

다무라제과

탄산가스가 풍부한 조슈 이소베 온천의 원천 광천수로 반죽해 구워내, 식감은 바삭하고 입안에서는 부드럽게 녹는 느낌. 광천수 특유의 미네랄 향도 특징이다. 94mm x 72mm의 장방형이며 질리지 않는 맛.

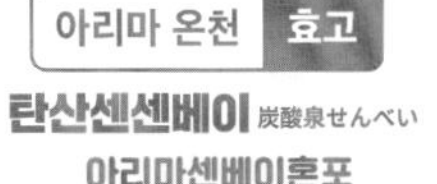

아리마 온천 효고

탄산센센베이 炭酸泉せんべい

아리마센베이혼포

손가락으로 조금만 힘을 줘도 부서질 정도로 얇고 가벼우며, 입안에서 녹듯이 사라지는 식감.

탄산이 함유된 아리마 온천수를 사용해 가벼운 식감과 기품 있는 풍미가 특징이다. 밀가루는 거품이 인 기포를 부드럽게 감싸 터트리지 않게 하는 브랜드 '다카라가사'만을 사용한다. 그로 인해 파삭한 식감과 입안에서 살살 녹는 맛을 구현했다. 직경 약 90mm, 두께 약 3mm.

도넛풍 간식빵!

맨해튼 망핫탄 マンハッタン 후쿠오카
료유빵

예전 패키지

당시 개발 담당자가 맨해튼에서 본 빵을 참고로 해서 맨해튼이 상품명이 되었다. 마천루 그림은 예나 지금이나 상품의 얼굴이다!

약간 단단한 빵에 초콜릿을 입혔다. 바삭한 식감도 참을 수 없이 좋다. 1974년 출시한 이래, 후쿠오카현 주민들에게 사랑받으며 큰 인기를 누리고 있는 간식. 학교 매점에서는 바로 품절되어 '환상 속의 빵'이라고 불린 적도 있다.

장미꽃 같은, 아름다운 빵

장미빵 바라빵 バラパン 시마네
난포빵

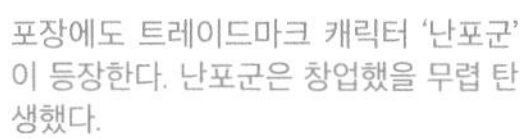
포장에도 트레이드마크 캐릭터 '난포군'이 등장한다. 난포군은 창업했을 무렵 탄생했다.

1949년, '장미(바라)처럼 아름다운 빵을 만들고' 싶었던 제빵사의 손에서 탄생했다. 길쭉한 반죽을 나란히 늘어놓고 파도 모양으로 구워낸 후, 세로로 길게 자른다. 손수 크림을 바른 뒤 장미 모양이 되도록 정성스레 말아준다.

브릭 모양의 '브리코'!?

초코브리코 초코부릭코 チョコブリッコ

니치료제빵

홋카이도

코팅된 초콜릿은 상온에서 녹지 않고 먹는 순간에 녹아내리는 절묘한 감촉.

초콜릿으로 감싼 스펀지케이크와 크림이 마치 케이크 같다. 당초, 벽돌과 비슷한 모양이라서 '초코브릭'으로 출시하려고 했으나, 최종적으로는 '초코브리코'라는 이름이 되었다. 1987년 출시됐다.

포장 뒷면에 열혈팬!?

현행 포장 뒷면에는 여자 아이돌을 응원하는 열혈팬의 일러스트가 있다. 야광봉을 들고 선보이는 오타쿠 기술!

초코를 한껏 맛본다!

베타초코 ベタチョコ

다이요빵

야마가타

빵과 초콜릿 사이에는 은은한 단맛의 버터크림이 들어 있다. 반으로 접어 먹는 것이 정석!

세로로 가른 콧페빵에 버터크림을 샌드하고, 이래도 부족하냐는 듯 초콜릿으로 듬뿍 코팅했다. 초콜릿이 비쌌던 1964년경, 사람들이 초콜릿을 마음껏 즐기길 바라는 마음에서 탄생했다. 야마가타의 소울빵으로 인기다.

네 개로 쪼개기 쉬워서 '4등분(요쓰와리)'

요쓰와리 よつわり 후쿠시마

하라마치제빵

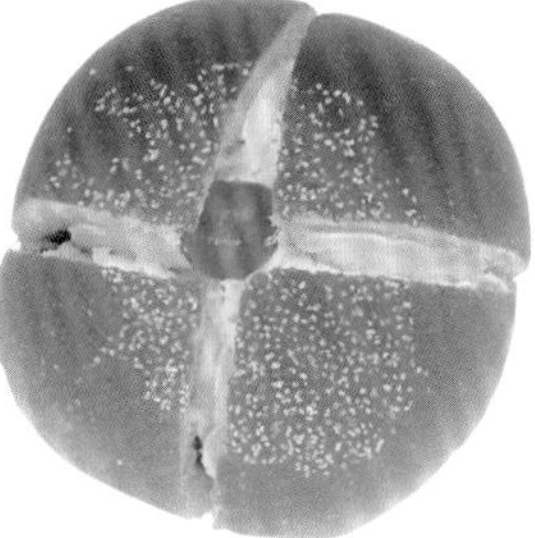

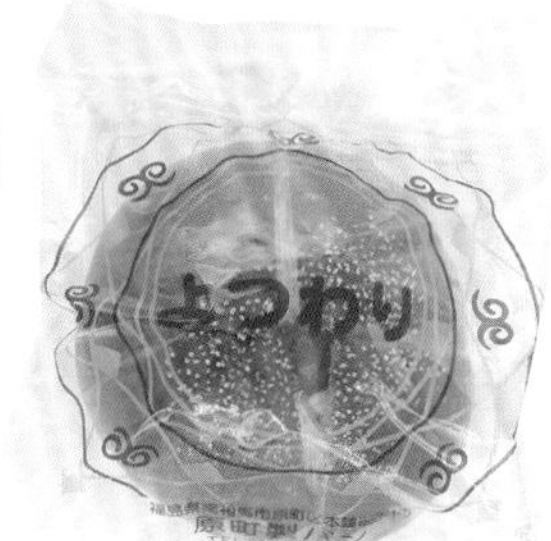

십자형으로 칼집을 넣은 빵에 고운팥앙금과 휘핑크림을 채운 후, 가운데 시럽에 절인 체리를 올렸다. 매일 일고여덟 종류의 맛이 나온다. 1951년 문을 연 하라마치제빵의 간판 메뉴다.

모두가 웃는 얼굴이 되는 빵!

스마일샌드 스마이루산도 スマイルサンド 시가

쓰루야빵

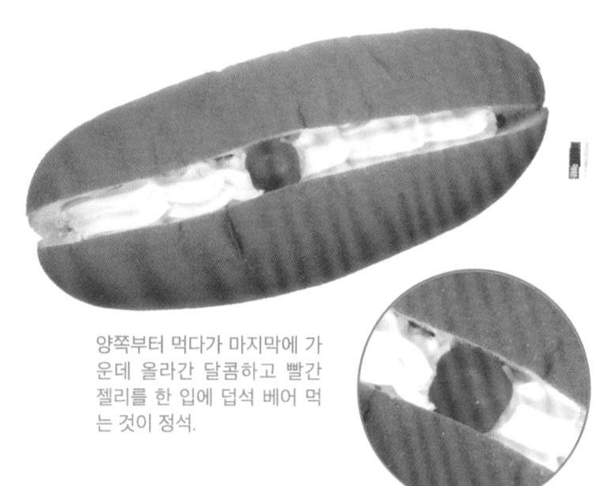

양쪽부터 먹다가 마지막에 가운데 올라간 달콤하고 빨간 젤리를 한 입에 덥석 베어 먹는 것이 정석.

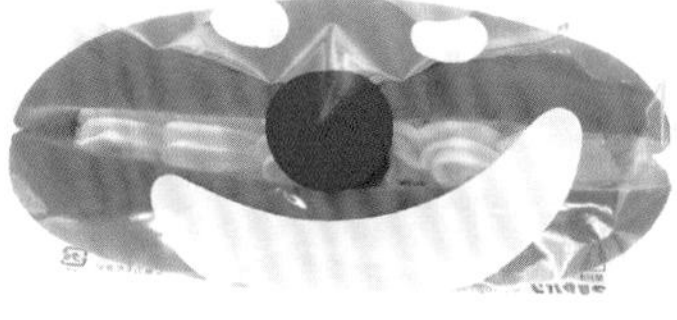

폭신한 콧페빵에 은은한 단맛의 버터크림을 샌드했다. 1951년 문을 연 당시, 가장 인기 있었던 '스페셜샌드'를 스마일샌드로 재출시했다. 가운데 올라간 빨갛고 동그란 젤리가 귀엽다.

수작업이기에! 표정도 가지각색

초코타누키빵 チョコたぬきパン 시가

쓰루야빵

시가 하면 너구리. 현지 아이들을 위해 만들었다는 초코타누키빵. 하나하나 수작업으로 만들어 같은 얼굴이 없고, 표정도 다양하다. 무엇을 고를지 고민하는 사람이 많다고. 재미있고 맛있는 간식빵이다.

차게 먹어도 맛있는 양과자빵

신콤3호 신코무산고 シンコム3号 **가고시마**

이케다빵

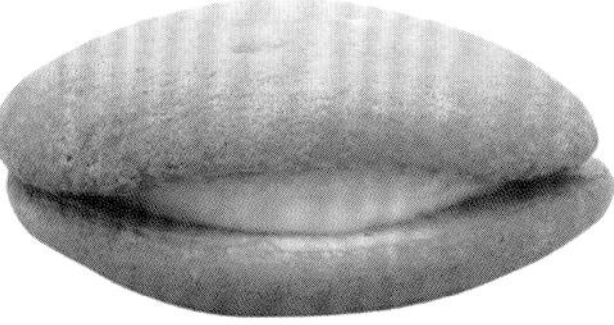

1961년 출시된 양과자빵의 복각판. 소박한 맛의 부셰에 바닐라 풍미의 크림을 샌드한 빵으로, 예로부터 아이들에게 인기 높은 간식이다. 상품명은 세계 최초로 발사에 성공한 정지위성 '신콤'에서 따왔다.

녹인 버터의 은은한 향

복각판 덴마크롤 훅코쿠반덴마쿠로루 復刻版デンマークロール **히로시마**

다카키베이커리

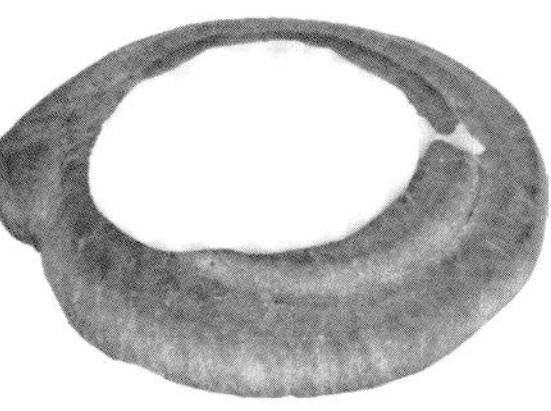

녹인 버터를 바른 반죽을 회오리 모양으로 만들어 퐁당을 올렸다. 창업주가 덴마크에서 먹었던 데니시페이스트리의 맛에 감동해, 시행착오 끝에 1959년 탄생했다. 버터 향이 풍부한 맛의 간식빵이다.

바삭바삭 & 폭신한 식감!

카스텔라샌드 카스테라산도 カステラサンド **후쿠오카**

료유빵

스펀지케이크와 버터크림을 웨하스 사이에 샌드했다. 베어 물면 스펀지케이크의 폭신한 식감부터 웨하스의 바삭한 식감, 가운데 크림의 보드라움까지 삼위일체로 즐길 수 있다. 연두색과 분홍색 웨하스는 귀여운 파스텔 컬러다.

서민의 카스텔라로 등장

비타민카스텔라 ビタミンカステーラ

홋카이도

다카하시제과

다이쇼시대에 당시 고급품이던 카스텔라를 누구든 저렴하게 먹게 하려는 마음에서 탄생한 봉카스텔라. 이 제품을 개량해 1950년대 중반에 지금과 같은 모양이 되었다. 신선한 달걀을 사용하고 수분량을 최대한 줄임으로써 오래 보존할 수 있게 만들었다. 비타민 B1·B2를 배합하였다.

아키타의 살짝 호화로운 디저트

바나나보트 バナナボート

바나나보트

아키타

다케야제빵

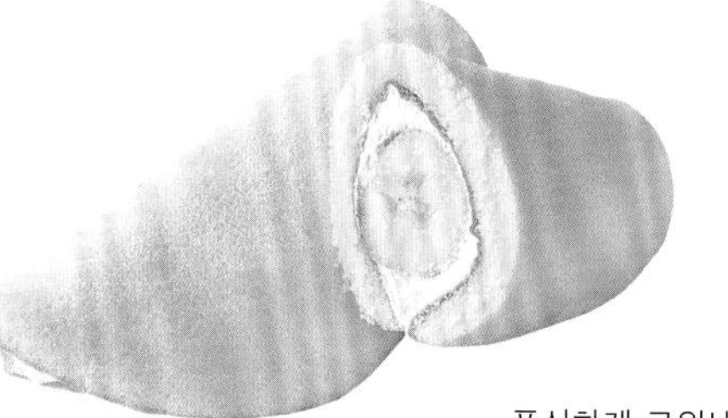

폭신하게 구워낸 스펀지케이크로 바나나와 휘핑크림을 감쌌다. 1969년 탄생한 상품으로, 당시 바나나는 영양가 높은 고급 과일로 인기였고, '아이들을 기쁘게 해주고 싶다'는 바람에서 개발되었다.

나뭇잎 모양의 간식빵

기노하빵 木の葉パン

지바

다무라빵

조시를 대표하는 나뭇잎 모양의 명과 기노하빵(나뭇잎). 달걀빵이나 아마쇼쿠(동그란 모양에 가운데가 솟아오른 일본의 전통 구움과자)와도 닮은 구움과자로, 달콤하고 부드러운 맛은 간식 또는 다과로 제격이다. 다무라빵에서는 약 90년 전부터 비법의 맛을 지켜오며 기노하빵을 제조하고 있다.

왕관을 쓴 서민파 도넛

킹도넛 킹구도나쓰 キングドーナツ **효고**

마루나카제과

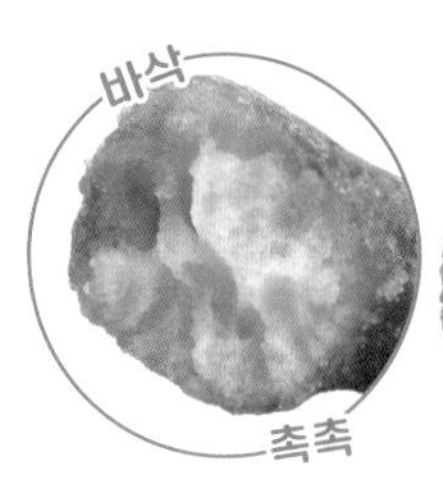

1988년 출시 이래, 맛있고 간편하게 즐길 수 있어 인기인 킹도넛. 이름은 '일본 제일'을 노리는 마음에서 유래했다. 달콤 짭짤한 맛과 겉은 바삭, 속은 촉촉한 두 가지 식감이 특징이다.

예전 패키지

포장은 시대와 함께 변화했다. (아래) 전국 판매를 시작한 무렵의 대용량 팩 포장.

1990년대 전반

1990년대 후반

빵부터 직접 만드는 정통파

도이츠러스크 도이쓰라스크 ドイツラスク **아이치**

와카야마제과

1970년대에 첫 등장. 빵은 크림을 바르기 전과 바른 후 두 번 구워내고 있다.

사박사박한 식감에 은은한 단맛. 손수 만드는 공정을 소중히 여겨 빵부터 자사에서 생산한다. 하나를 30장으로 커팅할 수 있는 긴 식빵을 틀에서 꺼내자마자 바로 슬라이스해, 설탕으로 직접 만든 크림을 발라 구워낸다.

폭신한 식감에 길이도 대박 아이치에서 풍기는 프랑스의 향기!

라인케이크 라인케키 ラインケーキ 아이치

요시노야제과

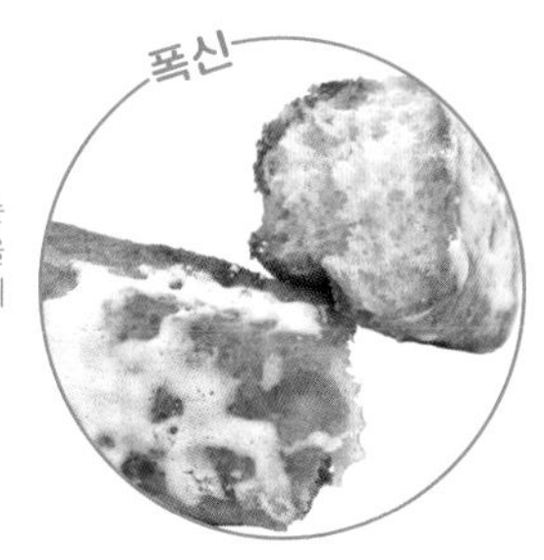

보드라운 카스텔라 위에 순한 단맛의 새하얀 아이싱을 올렸다. 길이에 맞춰 특별 제작한 철판에 굽는다.

예전 패키지

출시 초기에는 4등분, 이후 2등분으로 커팅했다가, 점점 귀찮아져 긴 채로 팔게 되었다는 이야기도 있다. 당시 상품명은 카스텔라풍 반죽에 묻은 설탕을, 후지산의 눈에 빗댄 '후지카스'.

1943년경~

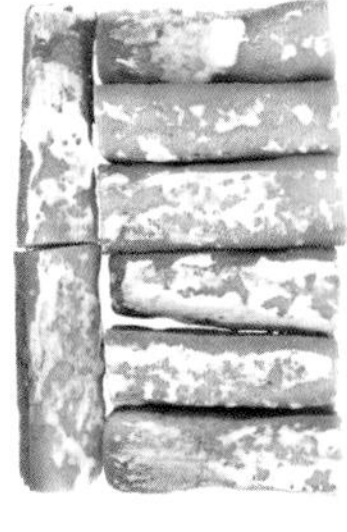

개선문이 그려진 그 옛날의 포장. 이 무렵의 상품명 앞에는 '점보'가 붙어 있었다.

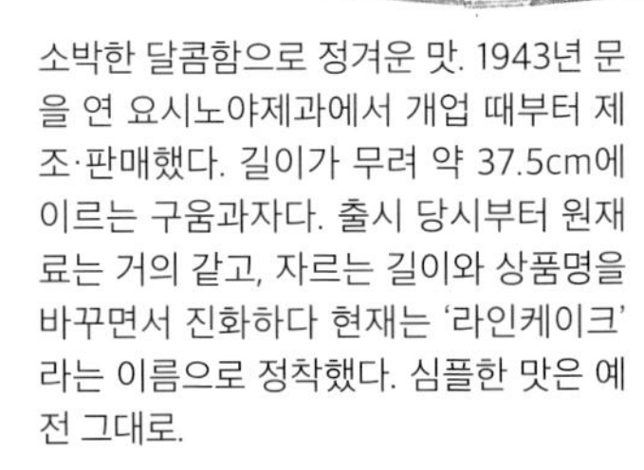

소박한 달콤함으로 정겨운 맛. 1943년 문을 연 요시노야제과에서 개업 때부터 제조·판매했다. 길이가 무려 약 37.5cm에 이르는 구움과자다. 출시 당시부터 원재료는 거의 같고, 자르는 길이와 상품명을 바꾸면서 진화하다 현재는 '라인케이크'라는 이름으로 정착했다. 심플한 맛은 예전 그대로.

'점보' 시절에 과자박람회에서 수상!

1977년, 전국과자대박람회에서 표창을 받고 메가 히트. 지명도와 인기가 상승했다. 이때 이름은 '점보 카스텔라'였다.

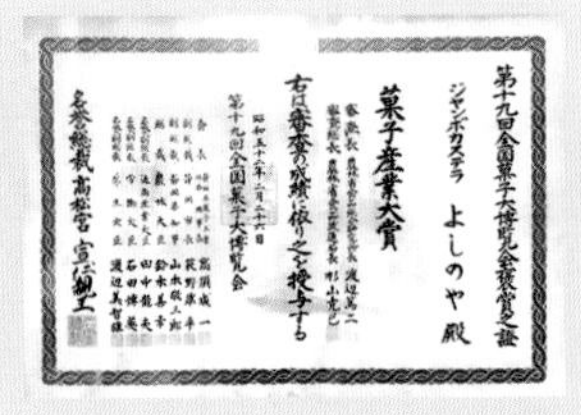
第十九回全国菓子大博覧会褒賞之証
ジャンボカステラ　よしのや殿
菓子産業大賞
右は審査の結果により之を授与する
第十九回全国菓子大博覧会

현지산 레몬을 고집

레몬케이크 레몬케키 レモンケーキ **히로시마**

고에이도

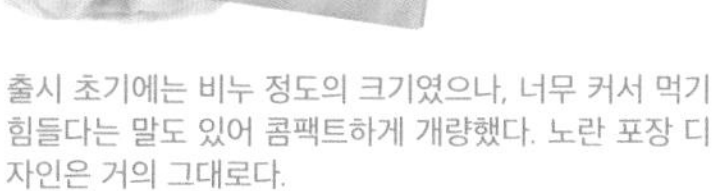
출시 초기에는 비누 정도의 크기였으나, 너무 커서 먹기 힘들다는 말도 있어 콤팩트하게 개량했다. 노란 포장 디자인은 거의 그대로다.

레몬초코를 입힌 레몬 모양 케이크. 1970년대 후반, 히로시마 오노미치를 찾는 관광객이 많던 시절에 현지 명산품을 사용한 상품으로 고안되었다. 현지산 레몬과 재료 배합에 심혈을 기울여, 개량을 거듭해 오늘날에 이르렀다.

'빵'이라는 이름의 과자

꽃빵 하나빵 花パン **군마**

고마쓰야

1848년에 탄생했다. 당시에는 귀했던 달걀, 밀가루, 설탕으로 만든 소박한 맛이 지금까지 이어져오고 있다.

군마현 기류시에 있는 학문의 신 '텐진'으로 익숙한 기류텐만구. 그곳의 문장紋章인 매화 문양을 본뜬, 빵이라는 이름의 꽃 모양 구움과자 꽃(하나)빵. 부풀어 오르도록 구워낸 식감은 차에 잘 어울려, 아이부터 어른까지 모두 좋아한다.

빵? 만주?

'빵주'의 역사를 찾아 나서다

약간 큼직한 다코야키와 비슷한 모습. 안에는 맛있는 앙금이 들어 있다. 맛과 모양은 달라도 '빵주'라는 이름의 과자는 일본 각지에 존재한다. 반면에 '빵주'라는 말을 들어본 적이 한 번도 없다는 사람 또한 있을 것이다. 그 역사를 찾아나선다.

홋카이도 **빵주** ばんじゅう
쇼후쿠야

지금은 없는 삿포로시의 유명한 가게 다나카노빵주의 맛을 계승했다. 홋카이도산 밀가루와 도카치시미즈산 앙금을 사용해 풍미가 깊고, 시간이 지나도 빵이 딱딱해지지 않는 것이 특징. 고운팥앙금, 통팥앙금 외에 크림이나 초콜릿, 계절 한정상품도 인기다.

1957년의 최전성기, 오타루에는 16개나 되는 빵주 가게가 늘어서 있었다. 홋카이도에서는 오타루부터 시리베시, 이시카리, 유바리, 삿포로 등 전역으로 확산됐다.

'빵주'라고 불리는 과자는 일본 각지에서 '향토 명과'로 사랑받고 있다. 홋카이도 오타루시, 도야마현 도야마시, 도치기현 아시카가시, 미에현 이세시 같은 지역에서다. 이 지역들의 빵주는 현지 주민들 사이에서는 물론, 선물용 과자로도 인기다. 이름의 유래는 빵처럼 구운 만주라는 설과, 빵과 만주를 합친 말이라는 설이 있다. 원래는 '이마가와야키' '오반야키'라고 부르는 구움과자에서 파생된 것으로 추정된다. 발상지에 관해서는 여러 설이 있는데, 1901년 창업해 가장 오래된 이세의 한 가게에서 만든 나나코시빵주라는 설이 가장 유력하다. 해당 과자점은 제2차 세계대전 이전에는 도쿄에 있었다가 전후에 이세시로 이전했다. 많은 사람에게 사랑받았으나, 2000년에 폐업했다. 한편, 오타루의 빵주 역사도 오래되었다. 탄광부나 항만 노동자들의 간식으로 퍼졌고, 다이쇼시대 가격은 12개에 10전이었다는 기록이 있다. 점주의 고령화 등으로 각지의 빵주 가게가 줄어드는 가운데, 그 맛을 이어받아 지켜가는 가게 또한 다수 존재한다.

빵주 ぱんじゅう

이세제과 미쓰하시

속에는 고운팥앙금이 들어가고, 위에 파래 가루가 올라간 것이 정통 이세 빵주의 특징이다. 거기다 반죽에 비법 재료인 '꿀'을 넣은 것이 미쓰하시만의 맛이다. 고운팥앙금 외에 떡이 들어간 통팥앙금, 이세 차(미에현산 녹차), 자색고구마, 밤, 커스터드 등 7종류를 판매하고 있다.

반죽의 세세한 배합 비율은 정해져 있지 않고, 제빵사가 그날의 날씨나 습도에 맞춰 매일 손수 만든다.

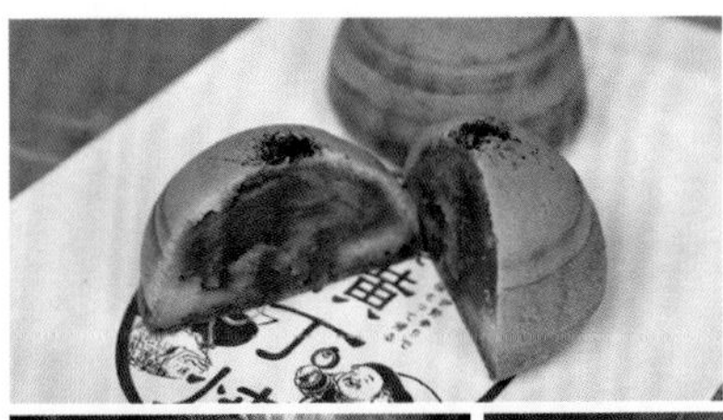

요코초빵주 横丁ぱんじゅう

요코초야키노미세

이세 명물 등을 판매하는 50개 남짓한 가게가 늘어선 오카게요코초에 있다. 파래 가루의 향이 나는 빵 안에 고운팥앙금이 듬뿍 들어간 소박한 맛. 반죽은 미에현산 밀, 앙금은 홋카이도산 팥을 사용하며, 계절 한정 앙금도 즐길 수 있다.

이세시에서 빵주의 앙금은 고운팥앙금으로 정해져 있으며, 그 흐름을 이어받은 정통 빵주다.

도야마

나나코시야키 七越焼

나나코시

1953년 개업 초기에는 '나나코시빵주'라고 판매했으나, 1970년대 중반에서 1980년대 중반에 '나나코시야키'라는 지금의 이름이 되었다. 숙련된 제빵사가 도야마의 맛 좋은 물을 사용해 팥 본연의 풍미가 제대로 나오도록 직접 앙금을 만든다.

고급스러운 단맛의 팥앙금이 들어간 '적앙금' 외에 홋카이도산 데보마메(강낭콩의 일종)를 100% 사용한 '백앙금' 등.

문을 연 지 130년 지금도 계승되는 전통의 맛

간소에이세이볼로 간소에세보로 元祖エイセイボーロ
니시무라에이세이볼로혼포

교토

원재료는 홋카이도산 감자전분, 설탕, 물엿, 달걀뿐이다. 질 좋은 원재료를 고집한 심플한 맛.

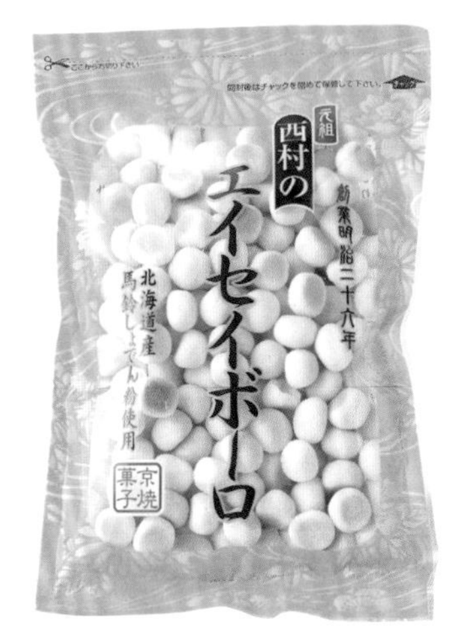

예전 패키지
1960년경까지 사용된 원조 포장. 출시 초기에는 석탄연료를 사용해, 손으로 직접 철판 위에서 굴려가며 구웠다.

부드럽고 바삭한 식감에 강하지 않은 단맛. 소박한 맛으로 인기인 롱셀러 상품이다. 1893년 문을 연 시무라에이세이볼로혼포. 역병이 돌던 당시, 칼 가게를 운영하던 창업주가 위생적이고 소화가 잘되는 과자를 만들겠다는 일념으로, 그 이름도 '에이세이(위생)볼로'를 제조·판매한 것이 시작이다. 특히 교토나 호쿠리쿠에서는 쉽게 찾을 수 있는 상품이다.

1965~1975년 무렵의 각양각색 포장

18리터들이 사각 캔이 일반적이었던 1954년, 발 빠르게 봉지 상품을 출시했다. 그 이후에도 다양한 포장의 상품을 선보여왔다.

추억의 텔레비전 광고

'니시무라의 에이세이볼로예요' '제가 정말 좋아해요'. 1970년경의 텔레비전 광고는 마이코(노래나 춤 등의 기예로 손님을 대접하는 게이샤가 되기 전의 수련생)를 기용해, 큰 반향을 불러일으켰다.

홋카이도의 온리 원! 하시모토노 다마고볼로

하시모토노타마고보로
ハシモトのタマゴボーロ

홋카이도

이케다식품

감자전분을 사용한 '하시모토노 다마고볼로'는 입에서 살살 녹는 식감이 큰 특징이다. 폐업한 하시모토제과의 기계·제조법·상품명을 이케다식품이 1983년에 그대로 계승하며, 다이쇼시대부터 이어져온 전통의 맛을 지켜가고 있다.

아기에게도 자극적이지 않은 '모유'의 맛 지치볼로

치치보로
乳ボーロ

오사카

오사카마에다제과

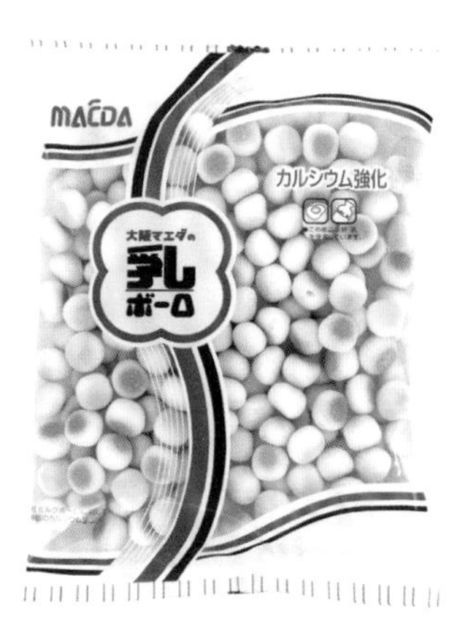

감자전분, 설탕, 달걀 등 심플한 원재료로 제조. 한 번에 먹을 수 있는 크기의 미니볼로 등도 출시.

입안에서 금세 부드럽게 녹는 추억의 맛. '아기가 태어나서 처음 먹는 과자는 모유같이 부드러워야 한다'라며 2대 사장이 '지치(모유)볼로'라고 명명했다. 1950년대 중반 전후로 출시되었다.

간사이 지역의 롱셀러
개성 넘치는 비스킷!?

빵 반죽의 바삭한 식감!

바삭바삭한 가벼운 식감으로, 향긋한 파래 풍미까지 질리지 않는 맛. 추억의 맛이 나는 일본식 간장 맛 비스킷이다.

1953년 탄생하여 간사이 지역에서는 친숙한 맛으로 자리 잡은 트럼프. 출시 당시, 간토 지역에서는 콩과자로 착각하는 사람이 속출하며, '안에 콩이 들어 있지 않다'라는 클레임이 있었으나 간사이에서는 큰 인기를 얻었다. 그리하여 지금도 간사이를 중심으로 판매되고 있다. 보기에는 콩과자 같지만, 실제로는 빵 반죽을 바삭하게 구워낸 비스킷이다.

예전 패키지

(오른쪽)카피는 '마음에 등을 켜는 맛'. (아래)사진에는 잘 안 보이지만, '오차즈케의 맛' '영양과 마음을 풍요롭게 하는 비스킷'이라는 문구가 있다.

1950년대 초중반

오븐에서 구워낸 일본식 비스킷!

오븐에서 꺼낸 후 양념과 파래를 입힌다. 동글동글 귀엽게 줄지어 선 모습에서 고소한 냄새가 풍겨올 것 같다!

소용돌이 모양의 인기 과자!

도산코도테이반 우즈마키카린토 道産子ド定番うずまきかりんとう

홋카이도

하마쓰카제과

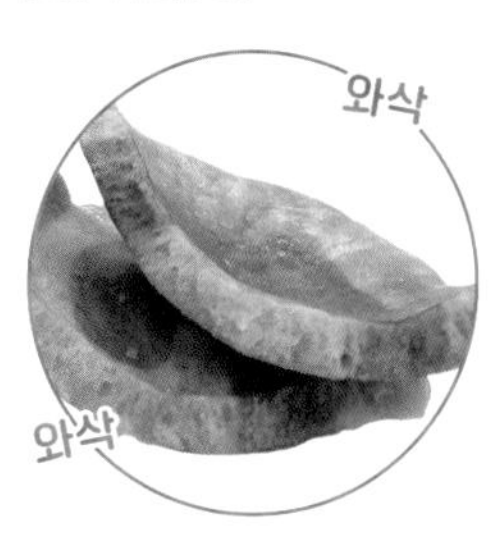

단맛이 적고 식감이 바삭한 것이 특징. 많이 먹을 수 있는 가린토로 인기 있다.

예전 패키지

현재의 '도산코도테이반(도산코는 '홋카이도 출생자', 도테이반은 '아주 대표적'이라는 뜻)'이라는 글자는 없고, 조연 출신다운 약간 수수한 인상. 소용돌이(우즈마키)를 형상화한 빙글빙글 로고는 그대로.

초기에는 봉 모양 가린토(밀가루를 설탕, 물, 이스트 등으로 반죽해 튀긴 후 흑설탕 시럽 등을 묻힌 과자)의 조연 역으로, 섞어서 판매했다. 시작은 동그란 모양이었으나, 조몬 토기의 '소용돌이무늬'에 힌트를 얻어 현재의 무양이 되었다. 1970년, '단품으로 먹고 싶다'라는 요청에 따라 단품 출시하여 대히트!

큼직하고, 바삭바삭한 식감

도쿠조마코롱 토쿠조마코론 特上まころん

미야기

와타나베제과

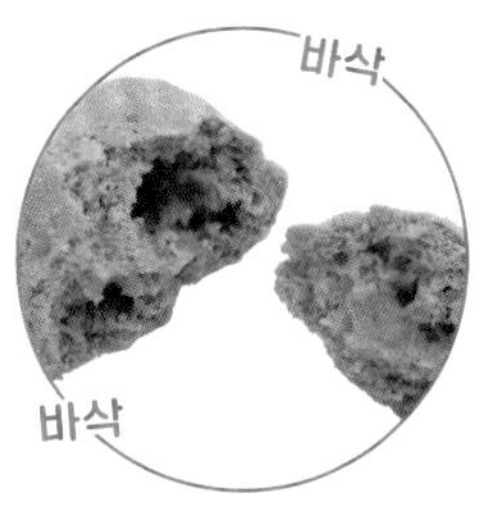

바삭한 입맛과 녹아내리는 듯한 식감이 특징. 한 입 치고는 약간 크지만, 한 번에 입안 가득 넣고 먹으면 풍미가 퍼진다.

밀가루를 사용하지 않고, 원재료의 절반가량일 정도로 아낌없이 땅콩을 넣은 와타나베제과의 도쿠조(특상)마코롱. 달걀은 매일 쓸 만큼만 현지산을 발주하는 등 신선도에 신경 쓰고 있다. 다이쇼시대 후반에 출시된 이래, 미야기현 내에서 친근한 맛으로 자리 잡았다.

굽지 않고 먹는 쫄깃쫄깃 센베이

나마센베이 生せんべい 아이치
소혼케다나카야

쫄깃쫄깃한 식감에 그윽한 단맛이 입안에 퍼지는, 깊은 풍미의 한 나마가시(수분 함유량이 10~30%인 화과자). 1930년 문을 연 이래로 쌀, 흑당, 상백당, 벌꿀을 원료로 한 제조법은 변함없다. 포장 디자인도 60~70년 전과 똑같다.

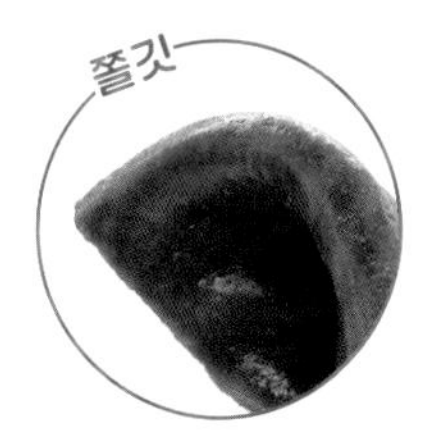

검은색은 흑당, 흰색은 상백당을 사용하고 있다. 예전과 비교해서 당도가 20% 정도 줄어들었다.

낱개 포장되어 상자에 담긴 타입은 선물용으로도 인기 있다. 10년 전에 말차, 2년 전에 유자 맛이 등장했다.

콩고물의 부드러운 맛

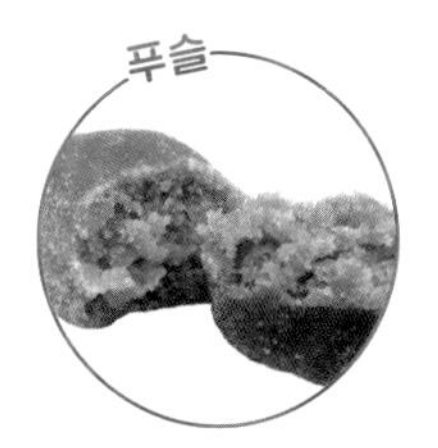

과거에는 봉 모양인 채로 판매했으나, 이후 먹기 좋은 한 입 크기로 커팅하게 되었다.

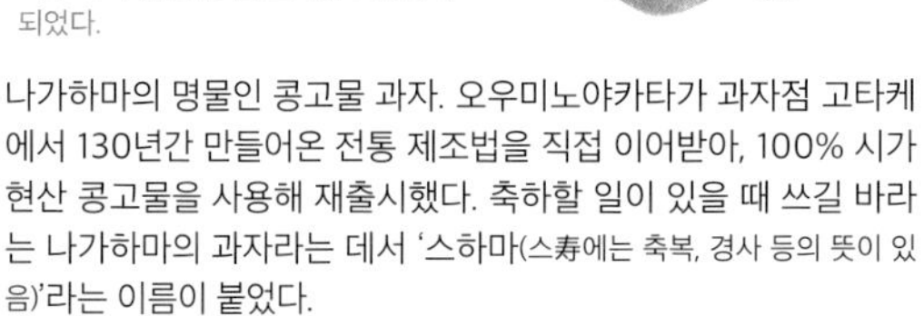

나가하마의 명물인 콩고물 과자. 오우미노야카타가 과자점 고타케에서 130년간 만들어온 전통 제조법을 직접 이어받아, 100% 시가현산 콩고물을 사용해 재출시했다. 축하할 일이 있을 때 쓰길 바라는 나가하마의 과자라는 데서 '스하마(스寿에는 축복, 경사 등의 뜻이 있음)'라는 이름이 붙었다.

생긴 건 포도, 유래는 무도
(일본어로 포도와 무도의 발음은 모두 '부도')

부도만주 ぶどう饅頭 도쿠시마
히노데혼텐

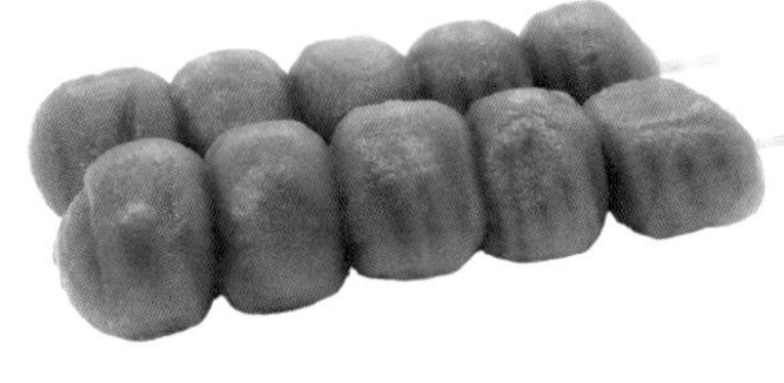

꼬챙이 하나에 만주가 5개 꽂혀 있다. 10년쯤 전까지는 경단이 아니라는 이유로 꼬챙이 끝(손잡이 부분)이 나와 있지 않았다.

앙다마(앙금을 둥글린 것)에 밀가루와 감자전분을 묻혀 쪄낸 연보라색의 '부도만주'는, 반죽에 들어간 우유 특유의 단맛이 특징이다. 1928년 출시 이래, 무도武道 신앙의 영봉인 쓰루기산의 특산물로 참배객들에게도 인기가 높다.

홋카이도산의 대표적인 콩과자

아사히마메 旭豆 홋카이도
교세이제과

한 봉지 안에 짙은 녹색이 예쁜 '말차 콩'도 몇 개 들어 있다. 선물용으로 귀여운 세로형 틴 케이스도 있다.

예전 패키지

시대의 무게가 느껴지는 예전 패키지. '콩과자의 원조'라는 글자도 있다. 현재는 아사히마메 외에 흑당 콩, 박하 콩 등도 판매하고 있다.

와삭한 식감과 대두의 고소함에 적당한 달콤함의 아사히마메. 1904년, 홋카이도에서 수확된 대두와 사탕무(첨채)당을 사용한 콩과자로 탄생했다. 볶은 대두를 사탕무당과 밀가루로 감싼, 본고장에서만 만들 수 있는 과자다.

수제 제조법과 쌀 기름이 비장의 카드!
니가타 특유의 콩 튀김

마메텐 まめてん 니가타
오하시식품제조소

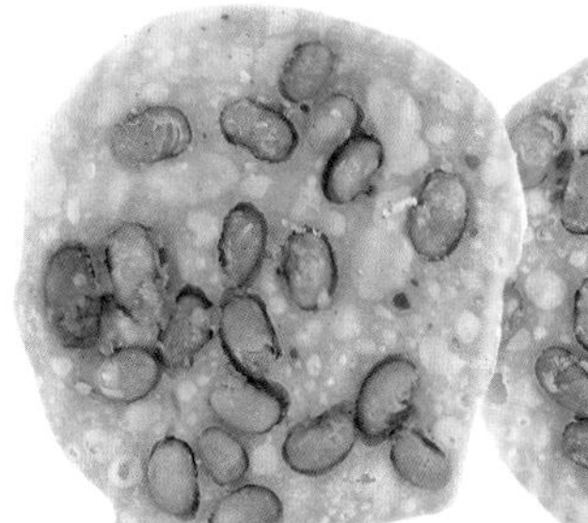

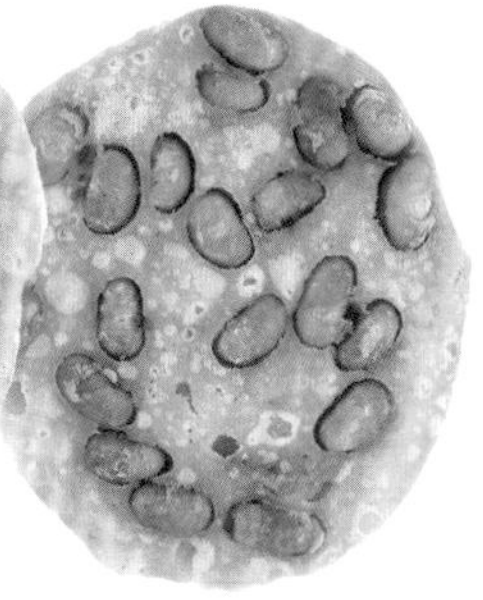

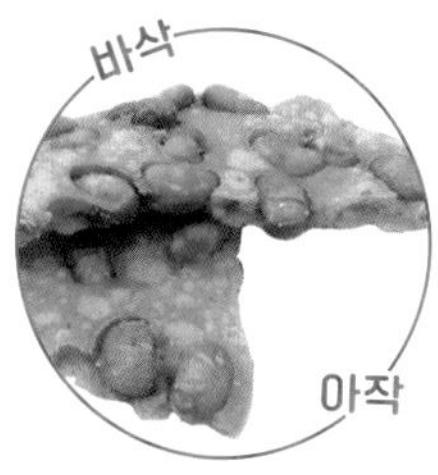

반죽에 대두를 듬뿍 넣어 바삭함 속에 아작함이 혼재된 식감. 코끝을 스치는 쌀기름 향까지 기분 좋은, 계속 손이 가는 맛.

바삭바삭한 식감으로, 대두의 자연스러운 풍미와 고소함이 느껴지는 소박한 맛의 마메(콩)텐. 니가타현산 쌀가루를 사용한 기름과자로, 1962년부터 판매되고 있다. 틀을 쓰지 않고 하나씩 수작업으로 구워내는 장인정신. 산패에 강하고 산뜻한 풍미가 특징인 쌀기름으로 튀기고, 기름기도 확실히 제거하여 바삭한 식감으로 완성했다.

종류도 다양하게 고른다!

한 입 크기의 마메텐은 카레, 칠리, 흑후추, 유자후추, 참깨 등 안주로도 안성맞춤인 일곱 가지 맛.

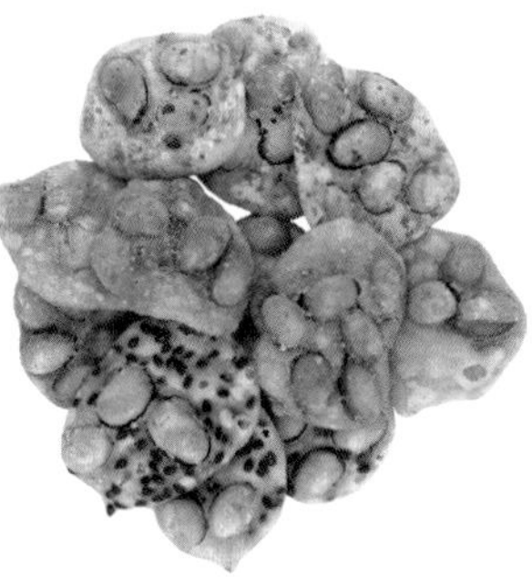

수작업 특유의 울퉁불퉁함이 좋다 !

쌀가루와 밀가루를 섞어 만든 반죽에 대두를 넣고, 큰 철판에 한 장씩 굽는다. 모양도 대두 개수도 제각각이지만, 그 또한 하나의 매력.

씹을수록 퍼지는 대두의 깊은 맛

마메쓰카게 豆つかげ 기후

오쓰카

씹으면 씹을수록 입안에 대두의 깊은 맛이 퍼지는, 중독적인 소박한 과자다. 기후현 다카야마시와 히다시의 슈퍼마켓, 선물 가게 등에서 판매한다.

'쓰카게'란 히다 방언으로 '튀긴 것'이라는 의미다. 대두를 간장과 설탕으로 맛을 낸 후, 밀가루 튀김옷을 입혀 서서히 튀긴 것이 일품. 튀김옷의 바삭한 식감과 대두의 아작한 식감이 특징이다. 1971년부터 수작업으로 만들고 있다.

옛 추억이 생각나는 닛키의 향

하치미쓰이리 닛키칸텐 (꿀을 넣은 닛키 한천) はちみつ入りニッキ寒天 기후

다니타상점

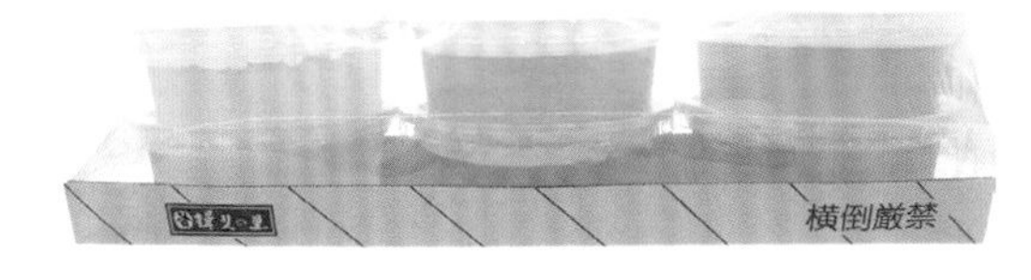

단맛을 돋보이게 하기 위해 소금을 굳이 사용하지 않아 부드러운 단맛이다. 출시 초기부터 컵 뚜껑은 하나씩 정성스레 손으로 직접 밀봉하고 있다.

탱글한 목 넘김의 한천 젤리. 닛키(계피와 유사한 일본식 향신료)의 상쾌함이 특징이지만, 향이 강하게 나지는 않도록, 뒷맛에 남는 상쾌한 풍미를 고집하고 있다. 출시는 1969년으로, 기본 레시피는 당시 그대로다. 예스러운 변함없는 맛.

도쿠시마현 특유의 '새댁 과자'

이케노쓰키/후야키 池の月 / ふやき

도쿠시마

아사이제과소

표면에 설탕을 묻힌 달콤한 '새댁 과자'. 도쿠시마에서는 혼례 때 신부가 주변에 인사를 하러 돌아다니면서, 새댁 과자를 돌리는 관습이 있다. 아사이제과소는 문을 연 1952년부터 새댁 과자인 이케노쓰키와 후야키를 만들고 있다.

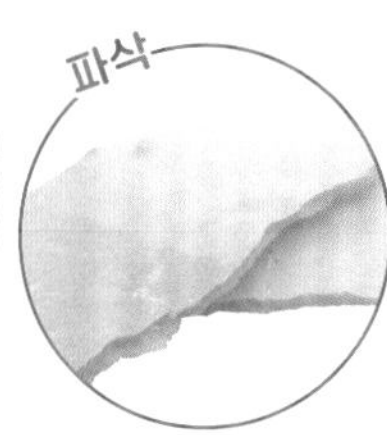

'이케노쓰키'는 비교적 얇은 반죽에 파삭한 식감. '후야키'는 비교적 두껍고 바삭한 식감.

정성과 시간을 들이고 마음도 담아서

찹쌀과 설탕으로 만든 반죽을 천천히 구워낸 후, 양쪽에 고정한 솔 사이를 통과시키면서 양면에 녹인 설탕물을 묻힌다. 전부 수작업이다.

노란색·흰색·분홍색의 파스텔컬러 구움 과자로, 표면에 발린 설탕이 반짝반짝 빛나 보인다.

'구로가네=철'처럼 딱딱한 빵!

구로가네카타빵 くろがねの堅パン

후쿠오카

스피나

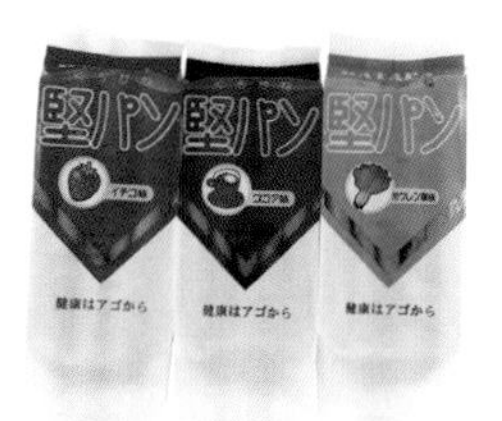

스틱 타입은 플레인, 딸기, 코코아, 시금치의 네 가지 맛 라인업.

철처럼 단단하고 씹을수록 맛있는 '구로가네카타빵'. 꽤 딱딱하기 때문에 커피나 우유 등에 담가 부드럽게 만들어서 먹는 것을 추천한다. 단맛도 강하지 않은 일상 간식으로, 비상식과 보존식으로도 안성맞춤이다.

이가 닌자의 보존식이 기원

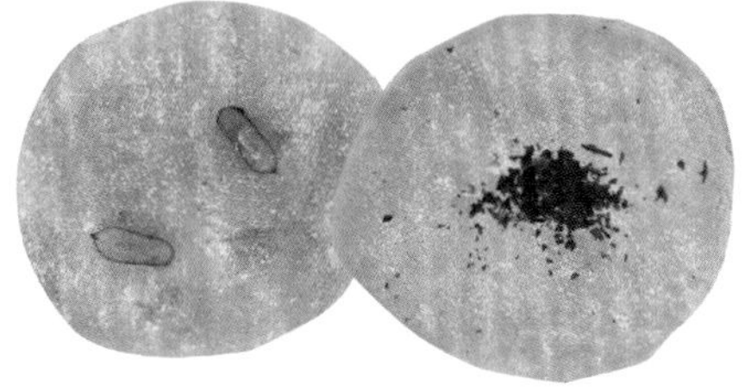

위에 있는 벚꽃 모양 두 장은 '마가린 첨가'로, 중앙에 쓰루가 관광 명소 등의 소인도 있다. 아래 두 장은 각각 땅콩과 파래 가루가 들어간 것.

밀가루, 설탕, 소금에 더해 마가린과 땅콩이 들어간 맛도 있는 가타빵. 이가우에노의 가타야키가 시초로 여겨지며, 다루마야가 제2차 세계대전 직후 문을 연 이래로 이어져 내려오고 있다. 당시의 제조법을 지키면서 지금도 한 장 한 장 손수 굽는다.

미에 명물 소인도 매력적

JR산구선 야마다카미구치역에서 도보 약 5분 거리에 있는 시마지야모치텐 점포. 사와모치나, 구로우이로, 사쿠라모치, 구사다이후쿠 등도 인기다.

메이지시대에는 신탄 가게(연료 가게)였던 시마지야에서 야키빵을 매입해 판매했으나, 제조업체가 폐업하자 제조법을 이어받아 자사에서 만들게 되었다. 제2차 세계대전 이전에는 초등학교에서 나눠주었기 때문에, 그 시절을 그리워하는 노년층도 많다.

정겨운 맛 '어른의 막과자'

앙코다마 あんこ玉 도쿄
우에다제과

껍질을 벗기지 않은 대두 한 알이 나오면 큰 사이즈의 앙코다마를 받을 수 있다!

현재는 '어른의 막과자'로, 특약점에서 큰 상자와 작은 상자를 판매한다. 오른쪽 사진의 큰 상자는 막과자 시절에 흔히 볼 수 있던 '뽑기 동봉'.

단맛을 줄인 특제 팥앙금에 고소한 콩고물을 묻힌 우에다제과의 앙코다마. 원재료는 설탕을 넣지 않은 팥앙금, 설탕, 물엿, 콩고물, 소금뿐이다. 과거에는 막과자 가게의 대표 간식이었던 소박하고 정겨운 맛의 옛날식 나마가시(수분 함유량이 30% 이상인 화과자)다.

뜨겁게도 차갑게도! 연중 대표 간식

아마가시 あまがし 오키나와
JA오키나와

흑당이 향기롭다! 걸쭉한 국물

오키나와 명산물인 향기로운 흑당이 들어간 걸쭉한 국물. JA오키나와에서 직접 사탕수수로 만든 흑당을 사용했다. 출시는 1971년.

강낭콩과 납작보리 등을 달콤하게 조린 오키나와의 대표 디저트 오키나와젠자이. 그 맛을 캔에 담은 아마가시는 식이섬유가 풍부하고 미네랄도 가득하다. 겨울에는 데워서, 여름에는 차게 해서 먹으므로, 캔의 양면에 두 계절을 표현했다.

쇼와시대의 레트로한 팝콘

맥슈거콘 막쿠노슈가콘 マックのシュガーコーン 고치

아제치식품

옛날식 버터플라이 팝콘으로, 사탕옥수수의 은은한 단맛이 특징이다. 1962년 출시 이래, 작은 가스 직화 솥으로 만들고 있다. 심플하고 수수한 모습에 질리지 않는 맛으로 롱셀러 상품이 되었다.

쇼와시대에 고치현의 영화관에서 크게 히트한 전설의 팝콘이기도 하다. 고치의 OB 세대들에게는 '청춘의 맛'이다.

강력한 임팩트의 길다~란 후가시

사쿠라봉 사쿠라보 さくら棒 시즈오카

구리야마세이후쇼

실물 크기

예쁜 파스텔컬러에 두껍고 긴 시즈오카 명물 후가시(밀가루에서 추출한 글루텐으로 만든 일본 전통 과자) 사쿠라봉. 분홍·초록·노랑의 3색으로, 직경 약 55mm, 길이는 무려 약 90cm의 무척 긴 과자! 백설탕을 사용해 질리지 않는 산뜻한 단맛으로, 폭신한 식감도 즐겁다.

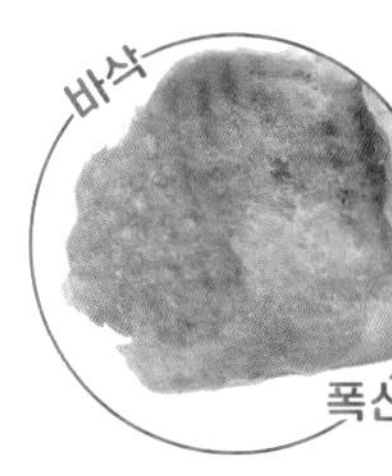

1937년 문을 연 구리야마세이후쇼에서 약 40년 전에 고안했다. 과거에는 녹색의 날이나 불꽃 축제 날 노점에서 판매됐으나, 현재는 거의 가게에서만 판매되고 있다.

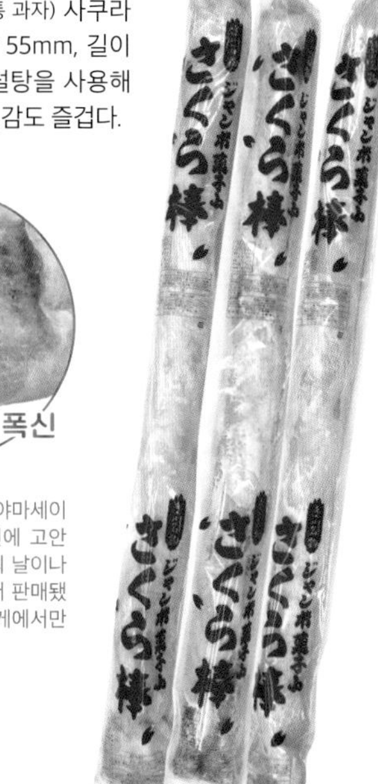

은은하게 새콤달콤! 오키나와에서는 일상적인 막과자

숫파이맨 아마우메이치반 スッパイマン 甘梅一番

우에마과자점

오키나와

매실 특유의 산미를 살리면서도 새콤달콤한 맛이 인기인 건매실장아찌 '숫파이(새콤)맨 아마우메이치반'. 1984년에 우에마과자점이 출시하자마자 아이들 사이에서 금세 인기를 얻었다. 지금은 오키나와의 대표 막과자로 정착했다. 상품명에는 세계를 날아다니는 히어로 '슈퍼맨'과 같은 상품이 되어달라는 바람도 담겨 있다.

달콤함과 새콤함 한 알에 두 개의 맛!

벳코아메(설탕으로 만드는 사탕의 하나로, 거북 등딱지 모양) 안에 '아마우메이치반'이 들어간 매실 캔디. 달콤함과 새콤함을 한 알로 즐길 수 있다. 1997년 출시.

2004년에는 씨 없는 타입도 등장. 부드러운 식감에 달짝지근하게 맛을 낸 다네나시와 바삭한 식감의 다네누키.

제조를 시작한 초기에는 전부 수작업이었다…!

1981년경에 건매실 제조를 시작했다. 초기에는 전부 수작업이었다. 맛을 내는 작업은 30분마다 나무 통 바닥의 매실을 뒤집어가며 몇 시간에 걸쳐 맛을 배게 하는 중노동. 현재는 대부분의 공정이 기계화되었다.

사고에서 탄생!? 무로 만든 맛있는 막과자

사쿠라다이콘 さくら大根 도치기

엔도식품

파삭하고 아작한 식감, 단촛물로 절인 분홍색 무 사쿠라(벚꽃) 다이콘(무). '절임이 간식!?'이라며 놀라는 사람도 있으나, 간토 지방에서는 대중적인 막과자다. 1957년경, 절임을 만들던 공장에서 단무지 절임의 자투리가 자두 조미액에 빠지는 사고가 발생, 먹어봤더니 맛있어서 상품화했다고 한다.

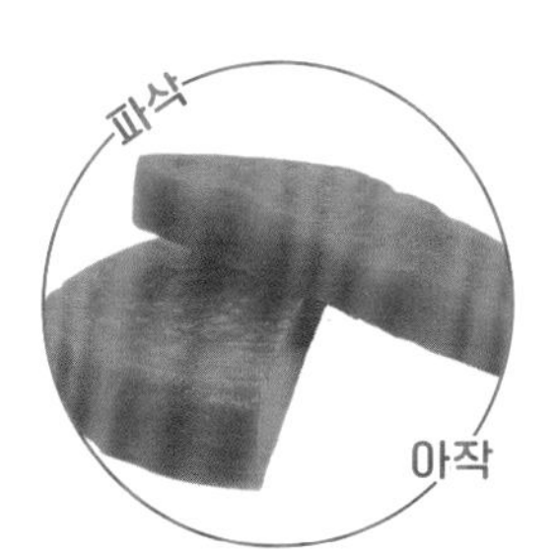

차게 해도 맛있다 특유의 산미와 달콤함

2017년, 엔도식품이 폐업한 제조업체로부터 사쿠라다이콘 사업을 계승했다. 당시의 '시큼하고도 달콤한' 특유의 맛을 지키고 있다.

예전 패키지

2023년 1월까지는 농부 아저씨와 소녀였다. 현재는 '다이짱'(남자아이)과 '돗짱'(여자아이)으로 리메이크.

대용량 팩으로 어른의 쇼핑도 가능하다

한 봉지 두 개의 양으로는 부족하다는 목소리에 힘입어 180g 컵 용기에 담긴 대용량 팩도 판매하게 되었다. 이쪽은 독특한 원시인 캐릭터.

현지 간식 디자인 갤러리④

タマゴボーロ

瀬戸田レモン

MACK
SUGAR CORN

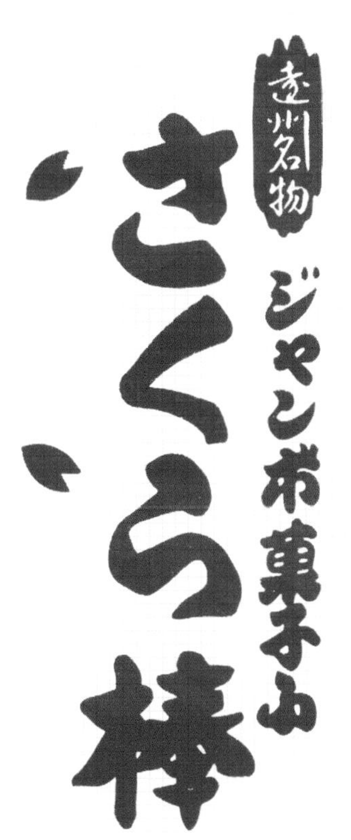
遠州名物
ジャンボ菓子山
さくら棒

ORIGINAL
Jumbo Cake
MILK
ライン
ケーキ
ハチミツ入

手づくり
飛騨の
豆つかげ

일본 전국 간식 리스트

이 책에서 소개한 간식의 원산지를 도도부현별로 정리했습니다.(지역과 간식 이름은 가나다순)

	소개한 간식	제조업체명	쪽수
가가와	다이카쿠	나카노제과中野製菓	124
	시루코/아메유	야마세이山清	31
가고시마	가라이모아메	후지야아메혼포冨士屋あめ本舗	30
	본탄아메	세이카식품セイカ食品	20
	스즈메노갓코·스즈메노타마고/난고쿠친친마메	오사카야제과大阪屋製菓	130
	시로쿠마	덴몬칸무자키天文館むじゃき	70
	신콤3호	이케다빵イケダパン	139
가나가와	뉴하이믹스	다카라제과宝製菓	64
	피초코	다이이치제과大一製菓	66
고치	다마아라레	다마야玉屋	123
	리플	히마와리유업ひまわり乳業	43
	맥슈거콘	아제치식품あぜち食品	157
	미레비스킷	노무라이리마메가공점野村煎豆加工店	10
	옷파이아이스	구보타식품久保田食品	111
	하나만주	구보타식품久保田食品	111
교토	간소에이세이볼로	니시무라에이세이볼로혼포西村衛生ボーロ本舗	146
	소바볼로	헤이와제과平和製菓	94
	히라야밀크	히라바야시유업平林乳業	114
구마모토	가메센	아지야제과味屋製菓	132
	가키고리/긴토키	닛포식품공업日豊食品工業	112
군마	이소베센베이	다무라제과田村製菓	135
	꽃빵	고마쓰야小松屋	143
기후	가니칩	하루야ハル屋	98
	곤부아메	나니와제과浪速製菓	22
	마메쓰카케	오쓰카大塚	153
	요로사이다	요로사이다복각합동회사養老サイダー復刻合同会社	62
	하치미쓰이리 닛키칸텐	다니타상점谷田商店	153

	소개한 간식	제조업체명	쪽수
나가노	미스즈아메	미스즈아메혼포 이지마상점みすゞ飴本舗飯島商店	18
	사라반드	고미야마제과小宮山製菓	95
	야쓰가타케 노베야마 코겐 3.6 우유	야쓰렌ヤツレン	115
	에이지비스 노리후미	베이교쿠도식품米玉堂食品	92
	크림파피로	고미야마제과小宮山製菓	95
	파피론샌드	시아와세도シアワセドー	96
나가사키	간소요리요리	만준제과萬順製菓	52
	긴타이요쓰부오렌지미칸	다이요식품太洋食品	42
	럭키체리마메	후지타체리마메소혼포藤田チェリー豆総本店	49
	아지카레	야마토제과大和製菓	99
	유센페이	미야케상점三宅商店	134
	쿨소프트	미라클유업ミラクル乳業	43
나라	고로모치	다카야마제과高山製菓	121
니가타	마메텐	오하시식품제조소大橋食品製造所	152
	모모타로	세이효セイヒョー	109
	비바리치	세이효セイヒョー	109
	샐러드호프	가메다제과亀田製菓	117
	아지로야키	아라노야新野屋	47
	유키구니아라레	유키구니아라레雪国あられ	121
도야마	나나코시야키	나나코시七越	145
	롱샐러드	호쿠에쓰北越	36
	마루토우유	도나미유업となみ乳業	114
도치기	간토·도치기 레몬/이치고	도치기유업栃木乳業	43
	사쿠라다이콘	엔도식품遠藤食品	159
	앙이리도넛	모토하시제과本橋製菓	76
도쿄	도쿄사이다	마루겐음료공업丸源飲料工業	62
	미나쓰네노 안즈보	미나쓰네港常	69
	앙코다마	우에다제과植田製菓	156
도쿠시마	부도만주	히노데혼텐日乃出本店	151
	이케노쓰키/후야키	아사이제과소浅井製菓所	154

	소개한 간식	제조업체명	쪽수
돗토리	쇼가센베이	조호쿠타마다야城北たまだ屋	129
	시로바라(백장미)우유	다이센유업大山乳業	114
미야기	도쿠조마코롱	와타나베제과渡辺製菓	149
	멘코짱미니젤리	아키야마アキヤマ	108
	아지지만	아지지만제과味じまん製菓	126
	치즈만주	후게쓰도風月堂	75
	파파고노미	마쓰쿠라松倉	46
미야자키	데어리사와	미나미니혼낙농협동南日本酪農協同	43
	요구룻페	미나미니혼낙농협동南日本酪農協同	43
미에	미조레다마	마쓰야제과松屋製菓	106
	빵주	이세제과 미쓰하시伊勢製菓三ツ橋	145
	아라레/나마아라레	마루하치모치텐丸八もち店	120
	야키빵	시마지야모치텐島地屋餅店	155
	오니기리센베이	마스야マスヤ	32
	오우치야마우유	오우치야마낙농大内山酪農	114
	요코초빵주	요코초야키노미세横丁焼の店	145
	원조 가타야키	이가카안야마모토伊賀菓庵山本	122
	유노하나센베이	히노데야제과日の出屋製菓	135
	크림소다 스맥골드	스즈키코센鈴木鉱泉	41
	피케에이트	마스야マスヤ	130
사가	긴센사이다	고마쓰음료小松飲料	63
	밀쿡	다케시타제과竹下製菓	112
	블랙몽블랑	다케시타제과竹下製菓	110
	스완사이다	도모마스음료友桝飲料	62
	크림소다 스맥골드	고마쓰음료小松飲料	41
	플로렛	다케시타제과竹下製菓	68
사이타마	지치부아메	데시가와라제과勅使河原製菓	24
시가	스마일샌드	쓰루야빵つるやパン	138
	스하마	오우미노야카타近江の館	150
	초코타누키빵	쓰루야빵つるやパン	138

	소개한 간식	제조업체명	쪽수
시마네	기스키패스처라이즈우유	기스키유업木次乳業	115
	장미빵	난포빵なんぽうパン	136
	하치미쓰프라이	마쓰자키제과松崎製菓	128
시즈오카	사쿠라봉	구리야마세이후쇼栗山製麩所	157
	오차요칸	미우라제과三浦製菓	58
	트럼프	산리쓰제과三立製菓	148
	하치노지	가쿠젠구와나야カクゼン桑名屋	94
아오모리	도쿠세이버터센베이	시부카와제과渋川製菓	45
	미시마바나나사이다	하치노헤제빙냉장八戸製氷冷蔵	63
	미시마시트론	하치노헤제빙냉장八戸製氷冷蔵	63
아이치	나마센베이	소혼케다나카야総本家田中屋	150
	도이츠러스크	와카야마제과若山製菓	141
	라인케이크	요시노야제과よしの屋製菓	142
	로열톱	나고야우유名古屋牛乳	40
	믹스젤리	긴조제과金城製菓	107
	믹스젤리	스즈키제과鈴木製菓	26
	미레프라이	와타요시제과渡由製菓	97
	비스쿤	미쓰야제과三ツ矢製菓	93
	시루코샌드	마쓰나가제과松永製菓	14
	에비타이쇼	가와사カワサ	118
	오반야키	가와사カワサ	119
	우즈시오	가와사カワサ	119
	이누야마명과 기비단고	겐코쓰안厳骨庵	101
	파리지앵	파리지앵パリジャン	74
	하이!! 도짱	미리온제과ミリオン製菓	99
	하이믹스젤리	스기모토야제과杉本屋製菓	107
	혼다마코롱	마코롱제과マコロン製菓	50
아키타	니테코사이다	아키타미사토즈쿠리あきた美郷づくり	63
	바나나보트	다케야제빵たけや製パン	140

	소개한 간식	제조업체명	쪽수
야마가타	다무라우유	다무라우유田村牛乳	115
	베타초코	다이요빵たいようパン	137
	오란다센베이	사카타베이카酒田米菓	39
	오시도리밀크케이크	니혼세이뉴日本製乳	15
	쿨스타	마쓰시마야과자점松島屋菓子店	112
야마구치	게이란센베이	후카가와양계深川養鶏	48
	야마야키단고	기렌제과きれん製菓	60
야마나시	구리센베이	쇼게쓰도松月堂	38
에히메	라쿠렌우유	시코쿠유업四国乳業	115
	벳시아메	벳시아메혼포別子飴本舗	28
	오반	도요제과東陽製菓	125
오사카	만게쓰폰	마쓰오카제과松岡製菓	118
	미쓰오기사이다	고토부키야청량식품寿屋清涼食品	63
	아이스캔디	551 호라이551 HORAI	73
	아이스캔디	홋쿄쿠北極	72
	오사카사이다	오카와식품공업大川食品工業	62
	미칸미즈	오카와식품공업大川食品工業	42
	지치볼로	오사카마에다제과大阪前田製菓	147
	히야시아메 아메유	니혼산가리아日本サンガリア	42
	히야시아메 아메유	오카와식품공업大川食品工業	42
오이타	미도리우유	규슈유업九州乳業	115
	온센시코미센베이	고토제과後藤製菓	134
	자본즈케	산미자본텐三味ざぼん店	61
오카야마	기비단고	코에이도廣榮堂	100
	시가프라이	가지타니식품梶谷食品	17
오키나와	가메센	다마키제과玉木製菓	132
	고쿠토아메/고쿠토노도아메	다케제과竹製菓	104
	단나화쿠루	마루타마丸玉	78
	슷파이맨 아마우메이치반	우에마과자점上間菓子店	158
	시콰사아메	다케제과竹製菓	104

	소개한 간식	제조업체명	쪽수
오키나와	아마가시	JA오키나와JA おきなわ	156
	히라미8	JA오키나와JA おきなわ	42
와카야마	구로아메나치구로	나치구로소혼포那智黒総本舗	29
	그린소프트	교쿠린엔玉林園	71
	오다마믹스	가와구치제과川口製菓	106
이바라키	하트칩플	리스카リスカ	97
이시카와	비버	호쿠리쿠제과北陸製菓	116
	스이사카아메	다니구치세이안조谷口製飴所	105
	시가프라이	호쿠리쿠제과北陸製菓	96
이와테	난부센베이	고마쓰제과小松製菓	44
	머스캣사이다	간다포도원神田葡萄園	63
	에이사쿠아메	지다에チダエー	105
지바	고신우유	고신유업興真乳業	115
	기노하빵	다무라빵タムラパン	140
	후루야우유	후루타니유업古谷乳業	115
홋카이도	규뉴아메	나가타세이타이永田製飴	103
	기비단고	덴구도타카라부네天狗堂宝船	101
	니치료제빵	초코브리코日量製パン	137
	니혼이치키비단고	다니다제과谷田製菓	101
	덴푼센베이	마쓰우라상점松浦商店	131
	도산코도테이반 우즈마키카린토	하마쓰카제과浜塚製菓	149
	라인샌드	사카영양식품坂栄養食品	91
	류효아메	나가타세이타이永田製飴	103
	리본나폴린	폿카삿포로푸드&비버리지ポッカサッポロフード& ビバレッジ	40
	머스캣사이다	아사히음료アサヒ飲料	63
	베쓰카이의 우윳가게 삼각 팩	베쓰카이유업흥사べつかい乳業興社	115
	비타민카스텔라	다카하시제과高橋製菓	140
	빵주	쇼후쿠야正福屋	144
	삿포로비어크래커	사카영양식품坂栄養食品	91

	소개한 간식	제조업체명	쪽수
홋카이도	소프트카쓰겐	유키지루시메그밀크雪印メグミルク	43
	시나몬도넛	우사기야うさぎや	77
	시오 A자 프라이	사카영양식품坂栄養食品	90
	아메센	마쓰우라상점松浦商店	131
	아사히마메	교세이제과共成製菓	151
	코업과라나	오바라小原	41
	하시모토노 다마고볼로	이케다식품池田食品	147
	핫카아메	나가타세이타이永田製飴	102
효고	로미나	겐부도げんぶ堂	34
	우구이스볼	우에가키베이카植垣米菓	12
	킹도넛	마루나카제과丸中製菓	141
	탄산센베이	아리마센베이혼포有馬せんべい本舗	135
후쿠시마	다이요도노 무기센베이	다이요도무기센베이혼포太陽堂むぎせんべい本舗	123
	오바케센베이	니혼메구스리노키혼포日本メグスリノキ本舗	125
	요쓰와리	하라마치제빵原町製パン	138
후쿠오카	게이란랏카세이센베이	산유도제과三友堂製菓	127
	구로가네카타빵	스피나スピナ	154
	다이코센베이	나나오제과七尾製菓	127
	맨해튼	료유빵リョーユーパン	136
	카스텔라샌드	료유빵リョーユーパン	139
	프렌치파피로	나나오제과七尾製菓	16
후쿠이	가타빵	다루마야だるま屋	155
	로열사와야카	호쿠리쿠로열보틀링협업조합北陸ローヤルボトリング	41
	미즈요칸	에가와えがわ	56
	사와야카	호쿠리쿠로열보틀링협업조합北陸ローヤルボトリング	62
	유키가와라	가메야제과亀屋製菓	54
히로시마	레몬케이크	고에이도向栄堂	143
	복각판 덴마크롤	다카키베이커리タカキベーカリー	139
	오초레모네이드	나카모토혼텐中元本店	42
	크림소다 스맥골드	오난식품桜南食品	41
	히야시아메 아메유	오난식품桜南食品	42